Ralf Schaepe

Holzarbeiten an GFK-Booten

Reparatur, Sanierung, Ersatz

Jetzt helfe ich mir selbst

pietsch

Einbandgestaltung: Sven Rauert
Titelbilder: Ralf Schaepe und Susanne Plohmann
Bildnachweis: Wenn im Kapitel nicht anders gekennzeichnet, stammen die Fotos von Susanne Plohmann und Ralf Schaepe.
Zeichnungen: Susanne Plohmann

ISBN 978-3-613-50703-6

1. Auflage 2012

Sie finden uns im Internet unter www.pietsch-verlag.de

Lektorat: Steffi Gaede
Innengestaltung: Tebitron GmbH, 70839 Gerlingen
Druck und Bindung: Longo AG, Bozen
Printed in Italy

Für wen ist das Buch gedacht und wie arbeite ich damit?

Es ist gedacht für Besitzer und Betreiber von Booten aus GFK, Stahl, Aluminium oder auch aus Beton (Ja,das gibt es).

Auf jedem Boot befinden sich eine Menge Teile aus Holz: die Handläufe, häufig das Ruder mit Pinne und, ganz augenfällig, das Teakdeck. Was aus Holz ist, will gepflegt und repariert werden. Vielleicht haben Sie auf Ihrem Boot noch einen Holzmast, der Ihre Aufmerksamkeit braucht, oder Sie wollen ihren Bugkorb um eine Trittstufe aus Holz erweitern.

Auch im Bootsinneren bestehen große Teile der Inneneinrichtung aus Holz. Da bricht hier mal etwas ab, da wäre eine neue Lackierung fällig und vielleicht hat Ihr Boot auch zu wenige Ablagen und Sie wollen Schwalbennester einbauen.

Selbst wenn Sie einen größeren Umbau planen, etwa die Unterbringung eines Kartentisches, der bislang fehlt, werden Sie hier fündig.

Die Buchidee ist es dabei, Schritt für Schritt wesentliche Arbeiten mit Holz beispielhaft zu erläutern. Wie auch schon bei meinen vorherigen Büchern habe ich einen Großteil der Arbeiten mit eigener Hand ausgeführt und die Abläufe und Ergebnisse fotografiert. Andernfalls habe ich mir Arbeiten zeigen lassen. Die habe ich ebenfalls so gut wie möglich textlich und bildlich dargestellt. Dazu gehört für mich eine einfache Sprache, die auf Fachausdrücke weitgehend verzichtet – zumindest aber werden sie direkt erläutert, wenn ich sie verwende.

Am besten lesen Sie es erst einmal ganz durch. Wenn bei Ihnen dann konkrete Arbeiten anstehen, blättern Sie noch einmal auf die entsprechenden Seiten. Das empfehle ich deshalb, weil etwa beim Schleifen und Lackieren einer Ruderpinne das gleiche gilt wie für das Schleifen und Lackieren eines Holzmasten. Da sich viele Arbeitsgänge wiederholen, müssen sie nicht immer neu beschrieben werden.

Außerdem werden Sie selbst sicher die eine oder andere Idee von einem Projekt auf die Problemlösung bei einem anderen übertragen …

Ich hoffe, dass Sie mit diesem Buch nicht nur viele Holzarbeiten an Ihrem Boot erfolgreich selbst in die Hand nehmen können, sondern auch, dass Sie dabei viel Freude am Umgang mit diesem schönen Werkstoff gewinnen.

Mit besten Grüßen: Ihr Ralf Schaepe

BOOTE AUS HOLZ – ein kleiner Überblick

1

Im Grunde ist jedes Boot ein Geschichtsbuch. In einem modernen Boot entdeckt man konstruktive Elemente der ersten menschlichen Versuche im Bootsbau, die vor tausenden von Jahren stattgefunden haben. Und umgekehrt finden sich schon in sehr frühen bootsbauerischen Bemühungen Elemente wieder, die bis heute ihre Berechtigung in einem vernünftigen Boot haben.

Der Einbaum

Der erste wesentliche Schritt zum (Holz-)Boot besteht darin, einen Baumstamm ins Wasser zu rollen. Setzt man sich darauf, kommt man durchaus mit Hilfe eines Paddels voran, stellt aber fest, dass das Fahrzeug zu einer unkomfortablen Labilität neigt. Der Holzstamm rollt auch im Wasser weiter um seine Längsachse – erst recht, wenn der Mensch als Schwerpunkt weit oben ist.

Etwa 8000 v. Chr. begannen die ersten Bootsbauer damit, den Baumstamm auszuhöhlen. Das machte man entweder mit einer Steinaxt oder mit einem schwelenden Feuer, das die Höhlung aus dem Stamm brannte. In Mitteleuropa hatten Bäume erst nach der letzten Eiszeit überhaupt wieder Wachstumschancen, deshalb lässt sich der bootsbauerische Nullpunkt in Mitteleuropa frühestens auf die Zeit nach ihrem Ende datieren.

Kalkuliert man ein, dass die Bäume auch noch Zeit brauchten, zu wachsen und sich zu vermehren, und dass die Menschen Zeit brauchten, das Wasser als erweiterten Lebensraum anzusehen, erscheint der Wissenschaft der Zeitpunkt um 8000 v. Chr. als plausibel.

Die Boote dienten als Transportmittel für Waren und Menschen sowie als Fahrzeug zum Fischen. Im Kern blieben Einbäume lange das, was sie waren: hohle, vorne und hinten mehr oder minder zugespitzte Baumstämme. Aber die Konstrukteure damals trauten sich bald etwas zu. In Afrika baute man dort, wo die Bäume groß genug waren, Einbäume, die bis zu 70 Leute fassen konnten.

Schon in frühen Fahrzeugen finden sich essentielle Bestandteile, die sich bis heute erhalten haben: Querbänke zum Sitzen etwa oder abgeteilte Schotts, um Fische oder andere Waren dort zu lagern. Auch einzelne Decksgänge durch Planken werden im Laufe der Zeit entwickelt.

Eine Variation des Themas Einbaum ist das Auslegerkanu: Der Einbaum bekommt den Ausleger mit zwei Querstreben an die Seite gestellt – das Gefährt ist plötzlich schwerer umzuwerfen. Der Ausleger aus Holz schwimmt, er stützt also das Boot, wenn es zur Auslegerseite hin kippen will. Andererseits wiegt der Ausleger auch etwas. Und das macht sich bemerkbar, wenn das Boot auf die andere Seite kippen will – das Gewicht hält das Boot aufrecht. Die Besiedlung der südpazifischen Inselwelt ist ohne das Auslegerkanu gar nicht denkbar. Die Auslegerkanus sind überraschend seetüchtig – zumindest dann, wenn man an die Sicherheit nicht die Maßstäbe moderner Berufsgenossenschaften anlegt.

Schon damals standen die Bootsbauer vor einem Problem, das ihre Kollegen bis heute beschäftigt: Je dicker die Bordwände des Einbaums blieben, desto schwerer und schwerfälliger waren die Fahrzeuge. Von den Mühen, es etwa über Land an Stromschnellen vorbeizutragen ganz zu schweigen. Je dünner man die Einbaumwand werden ließ, desto leichter, aber auch empfindlicher war das Boot.

Die Lösung lag in einem konstruktiven Geniestreich: Man baute das Boot nicht mehr aus dem Vollen, sondern legte die Stabilität in ein Gerippe – das Spantengerüst.

Das Kanu

An dieser Stelle muss man sich bei den Inuit und den nordamerikanischen Indianern für ihren Beitrag zur Bootsbaugeschichte bedanken. Sie bespannten die Gerippe mit Fellen (die Kajaks der Inuit) oder mit Rinde (die Kanus der Indianer). Das Ergebnis waren leicht transportierbare und zugleich feste Boote für Flusstransporte und Fischzüge.

In Europa kamen die Vorfahren der Wikinger auf die Idee, Einbäume seitlich zu erhöhen, indem sie die Einbäume mit Spanten verstärkten und zugleich mit Brettern das Freibord erhöhten.

Was die Größe betraf, war man mit dem Einbaum immer noch an die maximale Länge der gefällten Bäume gebunden. Das änderte sich mit dem Gedanken, einen Kiel zu konstruieren, dieser lässt sich schließlich auch aus mehreren Stücken bauen – und dient als Grundlage für ein Spantengerüst. Dieses Spantengerüst wird schließlich beplankt. Und wenn man dann noch ganz oder teilweise Decksplanken einsetzt, hat man schon ein richtig modernes Boot oder Schiff.

Ein Deck bietet nicht nur Schutzraum für Mensch und Ware, sondern auch einen stabilen Untergrund für Kampfzwecke an Bord. Mit Kajüten hielten sich die kernigen Wikinger nicht auf. Sie behalfen sich mit zeltartigen Konstruktionen, um nicht immer im Regen schlafen zu müssen. Dafür wird ihnen die Erfindung des einzelnen Seitenruders zugeschrieben. Das war übrigens an der

Ein Spantengerüst für ein Zeesboot. Der Bootstyp ist in Mecklenburg-Vorpommern beheimatet und wird auch heute noch nach traditioneller Bauart hergestellt.

rechten Seite angebracht, weswegen diese Seite seitdem »Steuerbord« heißt. Was die Entwicklungsgeschichte der Kajüte betrifft, kann man die Entwicklung der Boote im Mittelmeer als Anschauungsmaterial nehmen. Die Phönizier hatten zwar schon Decks am Bug, aber ansonsten waren ihre Boote offen. Auf Bildern römischer Galeeren sieht man dagegen schon kajüt- oder kastellartige Aufbauten für die vornehmeren Herrschaften an Bord.

Konstruktion

Kleinere Boote, etwa Fischerkähne oder auch heutige Ruderboote lassen sich gut konstruieren, wenn man erst die Außenhaut – also die Beplankung – baut, und diese mit Spanten aussteift.

Die Variante ist aber für große Bootsbauvorhaben nicht mehr zu gebrauchen, weil sich der Holzkörper

Klinkerbauweise: wie Dachschindeln übereinander.

Karweelbauweise: Die Planken liegen Stoß auf Stoß.

bei dieser Bauweise unweigerlich und unkontrollierbar verzieht. Hier hat sich die Methode, einen Kiel als »Rückgrat« aufzulegen bis heute gehalten. Nachdem das Spantengerüst gefertigt war, gab es zwei wesentliche Methoden, die Planken aufzubringen: in Karweel- oder in Klinkerbauweise.

Karweel bedeutet: Die Holzplanken liegen auf Stoß übereinander. Dadurch entsteht die Notwendigkeit, die Nähte abzudichten. Das geschah und geschieht mit dem Kalfatern. Hanf und Pech werden genutzt, um das Wasser weitgehend draußen zu halten.

Die Klinkerbauweise ist materialintensiver. Die Planken werden wie Dachschindeln übereinandergelegt und dann genagelt oder genietet. Die Wikingerboote sind schöne Beispiele für geklinkerte Rümpfe, die die Vorzüge des Baustoffes Holz ausgezeichnet beim Zusammenbau verdeutlichen. Die Rümpfe sind fest, relativ dicht und gleichzeitig so flexibel, dass die Boote im Seegang arbeiten können.

In jüngerer Zeit ist der Bau von Holzbooten um zwei Techniken erweitert worden: um Sperrholz als Baumaterial und um die Verwendung hauchdünner Furnierhölzer, die in Schichten aufeinander geleimt werden. Beide ergeben echte Innovationen, da man den Nachteil von Vollholz – das Arbeiten im Zusammenhang mit der umgebenden Feuchtigkeit – eliminieren kann. Beim Formverleimen kommt noch hinzu, dass man damit elegant die begrenzte Verformbarkeit von Vollholz umgeht.

Im Rahmen dieses Buches habe ich nur Entwicklungssprünge dargestellt. Die Geschichte des Bootsbaus an sich hat eine Fülle mehr faszinierender Entwicklungen und raffinierter Erfindungen. Auf Bootsmessen finden Sie am Bücherstand ganze Regalmeter voll mit Literatur dazu.

Wer sich für den Holzbootsbau interessiert, findet nicht nur in Museen Anschauungsmaterial. Es gibt eine kleine aber bestandsfeste Gruppe von Holzbootsbauern, die auch Kurse anbieten, in denen man kleine Boote aus Holz von Grund auf baut.

WERKZEUG

2

Stechbeitel: Gut geschärft ein vielfältig brauchbares Werkzeug.

Wer mit Holz umgeht, kann einige Werkzeuge zusätzlich brauchen, die sich normalerweise nicht in jedem Werkzeugkasten befinden.

Dazu gehört der **Stechbeitel** – wir benötigen ihn zum Beispiel, um überstehende Pfropfen zu egalisieren oder um Formen auszustechen, für die man nicht gleich eine Fräse bemühen möchte. Das kann etwa die Aussparung für ein Schloss am Schott sein. Stechbeitel gibt es in unterschiedlichsten Variationen und Größen.

Der Umgang mit ihnen will geübt sein, vor allem gibt es eine falsche und eine richtige Haltung. Die ist in den folgenden Bildern illustriert – hierbei geht es darum, einen Pfropfen zu kürzen.

Das saubere Verpfropfen wird immer wieder Thema sein. Und Sie werden auch einige misslungene Versuche produzieren. Ein wichtiger Grund dafür: Holz neigt dazu, entlang der Faser zu reißen. Schlagen Sie mit dem Stechbeitel in einen Pfropfen, dessen Faser schräg nach unten verläuft, dann gelingt Ihnen kein sauberer Abschnitt. Die Lösung in diesem Fall: Erstens die Faser begutachten, dann den Stechbeitel etwas höher ansetzen und den Rest schleifen.

Falsch: Die scharfe Klinge taucht in das Material ein.

Richtig: Die Schräge liegt parallel zum Boden der Arbeitsfläche.

Um den Stechbeitel zu schlagen, nehmen Sie besser keinen Hammer aus Stahl, sondern einen Holzhammer. Der schont das Schlagende des Beitels. Das ist übrigens bei vernünftigen Produkten mit Metallblech verstärkt.

Ein ebenso einfaches wie nützliches Instrument ist eine **Schmiege**. Dies ist nichts anderes als ein verstellbarer Winkel und hat den Zweck, Winkel von einer Form abzunehmen und auf ein Werkstück zu übertragen. Der Gebrauch erklärt sich von selbst.

Die Schmiege ist ein nützlicher Helfer in vielen Situationen.

Feste Winkel von 90 und 45 Grad erleichtern das Arbeiten.

Um die gemessenen und übertragenen Winkel auch genau aussägen zu können, benötigen Sie eine **Gehrungssäge**. Die Gehrungssäge ist in einem beweglichen Gestell fixiert und hat eine Vorrichtung, die es Ihnen erlaubt, einen winkeltreuen Schnitt auf ein Grad genau zu sägen. Das erleichtert Ihnen die Arbeit ungemein, denn von Hand erreichen Sie die nötige Genauigkeit kaum, die Sie brauchen, um passende Winkelstücke zu fabrizieren.

Wenn es auf ein halbes Grad ankommt: die Gehrungssäge.

Eine verwandte Aufgabe erledigen Sie mit der **Abrichtscheibe**. Sie macht es möglich, eine Profilleiste, etwa für einen Rahmen, winkelgenau zu schleifen. Das hilft besonders, wenn Sie einen Rahmen anfertigen wollen, der zwar eigentlich aus 45-Grad-Stücken bestehen müsste, der aber trotzdem kleinere Ungenauigkeiten aufweist, die weggeschliffen werden müssen. Die Aufgabe der Abrichtscheibe besteht darin, ein Werkstück in einem beliebigen Winkel zu einer Schleifscheibe einzustellen.

Übertreiben Sie es aber nicht mit den Korrekturen: Das Auge reagiert sehr sensibel auf schräge Rahmen.

Eine andere Herausforderung beim Bootsbau ist, dass man es mit vielen Rundungen zu tun hat. Holzteile müssen immer wieder Millimeter für Millimeter angepasst werden. Hier helfen **Hobel** ungemein. Auch Hobel gibt es in vielen Varianten und Größen. Grob kann man unterscheiden zwischen Schrupphobel für gröbere Arbeiten, Putzhobel für feinere Angelegenheiten und Ziehhobel für Arbeiten an kleineren Teilen.

Natürlich gibt es auch Elektrohobel. Ihr Vorteil ist ihre enorme Leistungskraft. Ihr Nachteil ist ihr in der Regel hohes Gewicht. Das ist auch der Grund dafür, warum der Handhobel immer noch nicht ausgedient hat – feinere Arbeiten lassen sich mit ihm besser kontrollieren.

Beim Hobeln gilt grundsätzlich darauf zu achten, dass die Klinge scharf und Ihr Werkstück sauber ist. Sand, Schmutz und vor allem Nägel oder Schraubenreste können die Klinge schnell ruinieren.

Ein klassischer Hobel – es gibt aber viele Varianten.

Das Weghobeln einer scharfen Kante nennt man Fasen. Es ist eine typische Anwendung für den Hobel.

Unabdingbar beim Werken mit Holz sind **Zwingen**. Besser als ein paar Zwingen sind noch mehr Zwingen. Sie kosten einzeln nicht allzu viel, wegen der benötigten Menge, die man auf Vorrat haben sollte geht ihre Anschaffung aber trotzdem ins Geld. Es kommt natürlich sehr darauf an, was Sie vorha-

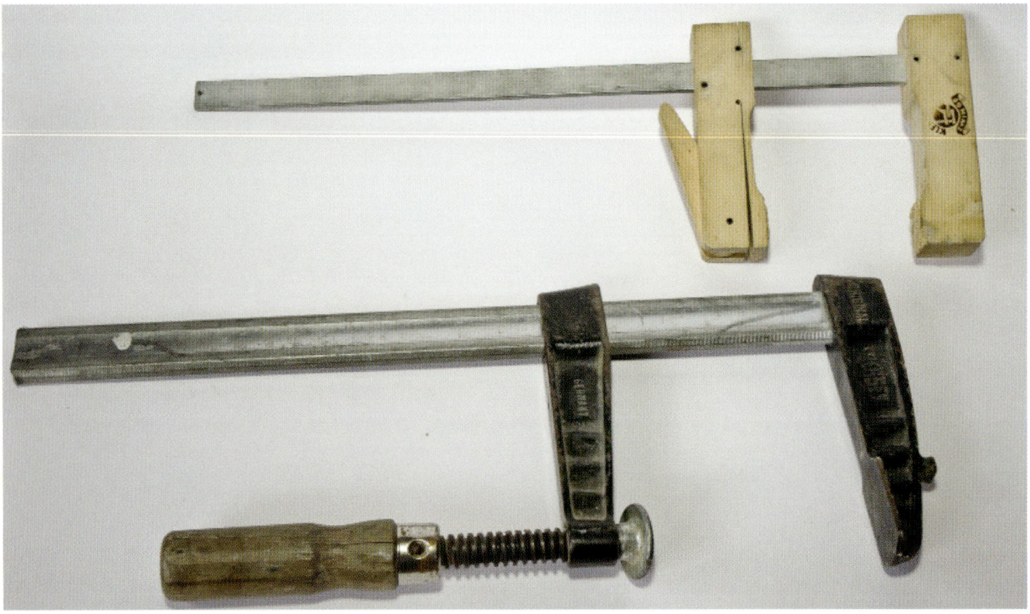

Es gibt Zwingen, die mit einer Art Hebel klemmen und es gibt Schraubzwingen.

ben, aber im Grunde würde ich sagen, dass man schon zwei bis drei Dutzend Zwingen in unterschiedlicher Größe in der Werkstatt haben sollte.

Es gibt Zwingen, die mit einer Art Hebel klemmen und es gibt Schraubzwingen. Mit Schraubzwingen schaffen Sie viel Kraft auf ihre zu verleimenden Stücke – und darauf kommt es auch an. Klemmzwingen haben weniger Kraft, sind aber gut dafür, Teile zu fixieren.

Beim Gebrauch von Zwingen sollten Sie Restholzstücke nehmen, um die Auflagen der Zwingen zu unterfüttern – so vermeiden Sie hässliche Abdrücke auf ihren Werkstücken. Außerdem verteilen Sie den Druck besser, was wiederum der Qualität der Verleimung zugute kommt.

Saubere kreisrunde Löcher werden mit der **Lochsäge** gefertigt. Sie ist quasi selbsterklärend. Sie können einen ganzen Satz unterschiedlicher Durchmesser bekommen, dazu gehört eine Halterung, die jeden dieser Durchmesser aufnehmen kann. Die Lochsäge wird in einen Bohrer eingespannt, außerdem hat sie noch eine Zentrierspitze. Setzen Sie die Lochsäge im Zweifelfall eher zartfühlend auf dem Holz an. Es kann gut passieren, dass sie sonst verreißt.

Es ist hilfreich, wenn Sie bei der Arbeit mit Holz eine **Zentrierspitze** für Ihren Bohrer besitzen. Sie können Ihre wahrscheinlich vorhandene Sammlung von Bohrern noch um zwei Typen bereichern. Zum einen um den Forstnerbohrer: Er hat kein Spiralgewinde und Sie können mit ihm die Löcher bohren, die Sie zum Verpfropfen brauchen. Die Löcher des Forstnerbohrers haben einen ebenen Untergrund.

Der andere Typ ist der **Versenker**: Mit ihm fertigen Sie die trichterförmigen Vertiefungen an, die Sie benötigen, um eine Schraube mit Senkkopf sauber einpassen zu können. Das vermindert später Verletzungsgefahren an den Kanten der Schrauben und sie sehen besser aus. Außerdem schont das Versenken von Schrauben ihr Schleifwerkzeug, wenn Sie die Oberfläche später für das Lackieren bearbeiten.

Auch Versenker gibt es in unterschiedlichen Größen sowie in unterschiedlichen Winkeln.

Eine **Oberfräse** ist nichts, was man unbedingt haben muss. Aber wer öfter mit Holz arbeitet und einmal eine Oberfräse benutzt, wird sich fragen, wie er bislang eigentlich ohne sie ausgekommen ist.

Man kann mit einer Oberfräse eine Nut ziehen, einer rechteckigen Leiste ein Profil geben und Kanten bearbeiten. Sie ist auch dafür gut, eine schadhafte Stelle im Sperrholz mit einem Flicken zu versehen. Die Werkzeuge dafür sind die Fräser, die es in verwirrender Vielfalt gibt.

Eine Oberfräse mit verschiedenen Fräsern unten im Bild.

Wenn man sich für eine Oberfräse entscheidet, sollte man eine vernünftige wählen, die leider auch deutlich teurer ist als das Sonderangebot im Nonfoodbereich des Lebensmitteldiscounters. Ich weiß, wovon ich rede, denn ich habe genügend billiges Werkzeug gekauft in der Hoffnung, Geld sparen zu können. Das hat nie funktioniert. In der Regel waren die Werkzeuge schnell kaputt oder verschlissen, wenn man sie für längeren Einsatz brauchte.

Grundarbeitsmittel im Umgang mit Holz ist **Schleifpapier**. Sie brauchen es, um Holz zu glätten, Kanten zu brechen oder um maßvoll Holz abzutragen. Üblicherweise spricht man von »Korn«, um die Art des Schleifpapiers zu benennen. Ein Papier mit 40er Korn ist für unsere Zwecke schon sehr grob und die Arbeit damit hat eigentlich mehr mit Fräsen zu tun. Es gibt auch Papier mit noch gröberem Korn, was ich allerdings noch nie benutzt habe. Demgegenüber steht feinstes Korn, etwa 1000er – das benutzt man für Abschlussarbeiten an lackierten Flächen.

Die Einteilung mag von Gewerk zu Gewerk unterschiedlich sein, aber als Orientierungshilfe kann man folgendes annehmen:
Korn 40 bis 80: Mittelgrob – man nutzt es, um alte Farbschichten abzutragen und Holz vorzuschleifen.
Korn 100 bis 180: Feinschleifen von Holz.
Korn 220 bis 1000: Nachschleifen und finishen lackierter Flächen.

Ein typischer Arbeitsgang beim Lackieren kann so aussehen: Holzoberfläche reinigen und schleifen mit 80er Papier. Nachschleifen mit 120er und dann mit 160er oder 180er. Erste Lackschicht, die nachschleifen mit 220er, 240er und 280er.

Je feiner das Papier wird, desto geringer ist auch der Druck, den Sie beim Schleifen ausüben müssen: Ab 220er Korn gehen Sie nur noch sehr sanft über den Lack, damit nicht unnötig viel wieder abgetragen wird.

Schleifpapier unterscheidet man nach dem »Korn«.

Ihre empfindlichsten Messinstrumente sind dabei ihre Fingerspitzen. Fahren Sie damit einfach über eine Fläche, die Sie gerade bearbeiten, dann werden Sie sehr genau merken, ob Sie eine Stelle vergessen haben.

Wenn Sie am Ende bei 360er und 400er Papier angekommen sind, haben Sie schon ein gutes Lackierergebnis. Man kann sich dann bis zu 1000er Papier vorarbeiten, aber ehrlich gesagt, mache ich das nicht. Ich bin Segler und kein Kunsttischler, und die meisten Lackierarbeiten an Holzteilen finden nicht in idealer Umgebung statt: Staub, Pollen oder Kleininsekten setzen sich auf die frischen Lackschicht derer, die nicht über einen Lackierraum oder ein Lackierzelt verfügen. Sie sorgen unter anderem dafür, dass man als Heimwerker in der Regel nicht an das Lackierergebnis eine Fachbetriebes herankommen kann.

Die Übergänge von grobem zu feinem Schleifpapier sollten in Schritten von 40er Korngrößen geschehen, um ein brauchbares Ergebnis zu erreichen.

Meist besorgt man sich Schleifpapier aus dem Baumarkt – und das ist ok. Ein Qualitätsunterschied besteht noch in den Trägermaterialien. Es gibt außer Papier auch Leinen. Schleifmittel auf Leinen sind erheblich länger haltbar.

Als Hilfsmittel ist noch **Holzkitt** zu erwähnen. Es handelt sich um Paste oder eine knetwachsähnliche Masse. Sie dient dazu, schadhafte Stellen an Holzteilen optisch aufzubessern. Holzkitt ist für verschiedene Holzarten erhältlich und häufig mit der Art bezeichnet, die es am Ende darstellen soll – so bekommt man Holzkitt »Buche« oder »Eiche«. Man verarbeitet es mit einem kleinen Spachtel, und nach dem Aushärten ist es schleifbar. Es hilft tatsächlich etwas, aber Wunder darf man nicht erwarten – es sieht halt ungefähr aus wie Holz, ist aber keines und hat auch nach dem Auftragen keine Maserung, außerdem müssen Sie mit Farbunterschieden nach dem Lackieren mit Klarlack rechnen.

Bei kleineren Spalten, die verfüllt werden sollen, hat sich übrigens ein Hausmittel sehr bewährt: Leim, der mit den Sägespänen des jeweils zu bearbeitenden Holzes vermischt wird.

Holzkitt hilft, kleinere Schäden zu kaschieren.

3 MASSIVHOLZ: Welches Holz für welchen Zweck?

Holzarten

Man bekommt nahezu jede Holzart, wenn man will und wenn man es bezahlen kann. Im Bootsbau haben sich bestimmte Hölzer durchgesetzt – hier ist ein Überblick.

Afrormosia

Tropisches Edelholz, das als Teakersatz Karriere gemacht hat – aber nur eine kurze. Afrormosia fällt unter das Washingtoner Artenschutzabkommen, der Handel damit ist genehmigungspflichtig. Das bedeutet letztendlich, dass es nicht legal zu bekommen ist.

Balsaholz

Das ist ein Holz, das man wegen seiner Eigenschaften am wenigsten an Bord suchen würde. Es ist sehr leicht und einfach zu bearbeiten. Man kennt es eher aus dem Modellbau von Flugzeugen oder Booten. Nimmt man ein Balsabrett in die Hand, ist das gefühlte Gewicht in etwa wie bei Styropor. Die Festigkeit von Balsaholz ist nicht der Rede wert, schon ein angeschraubter Kleiderhaken würde nach kurzer Belastungszeit ausreißen. Es wird in Südamerika, Mexiko, der Karibik und Westindien angebaut.

Sein Nutzen an Bord ist auf einen Bereich beschränkt: Man nimmt es gerne als Kernmaterial in der GFK-Sandwichbauweise. Hier kann es seinen Gewichtsvorteil ausspielen. Durch den umgebenden GFK ist es vor Witterungseinflüssen geschützt, daher spielt es dort auch keine Rolle, dass Balsa relativ schnell verrotten kann. Balsaholz lässt sich gut leimen.

Balsa

Eiche

Eiche wird seit jeher im Bootsbau verwendet. Sie ist ausgesprochen witterungsfest, lässt sich mit gutem Werkzeug einfach bearbeiten, ist hart, langlebig, dicht und lässt sich von feuchter Umgebung kaum beeindrucken. Man hat sie schon immer für den Bau von Bier- und Weinfässern verwendet, was darauf hinweist, dass sich Eiche bei allen möglichen Flüssigkeiten stabil verhält.

Im **Vollholzbootsbau** wird sie seit Jahrhunderten außen und innen verwendet – und sie kann auch ebenso lange halten. Eiche lässt sich gut verleimen.

Eiche

Esche

Die Esche hat einige Vorzüge, die sie für den Bootsbau interessant macht: Sie hat astfreie Stämme, ist hart und elastisch und weist wenig Schwund auf. Allerdings zeigt sie sich anfällig für den Befall von Pilzen und Fäulnis. Gegen Säuren und Laugen ist sie ziemlich unempfindlich.

Das langfaserige Holz lässt sich gut bearbeiten, neigt aber beim Hobeln zum Ausreißen.

Esche

Verwendung allgemein: Sportgeräte wie z.B. Bögen oder Baseballschläger, Musikinstrumente, Stiele aller Art, Möbel.

Verwendung im Bootsbau: Innenausstattung und Lamellierholz, Pinnen, Bäume, Masten. Im Außenbereich muss sie gut gegen Witterungseinflüsse geschützt werden.

Lärche

Die Lärche ist ein vielseitig verwendbares Holz. Sie ist hart, gut zu bearbeiten und zu leimen und widerstandsfähig gegen Pilzbefall sowie beständig gegen Säuren.

Schrauben sollten vorgebohrt werden, da die Lärche eine Neigung zum Spalten hat. Die Lärche sollte gut abgelagert sein.

Verwendung allgemein: Konstruktionsholz, für Innen- und Außenverkleidungen, Giebel, Türen, Möbel, Fässer.

Verwendung im Bootsbau: Masten, Planken.

Lärche

Mahagoni

Ein optisch sehr schönes Tropenholz, das gut zu verarbeiten ist und gerne für Möbel verwendet wird.

Es ist gelb-rötlich gefärbt, fest, mittelmäßig resistent gegen Pilz- und Fäulnisbefall, gut zu verleimen, hat wenig Schwund und ist hart.

Im Bootsbau wird Mahagoni gleichermaßen innen und außen verwendet – allerdings ist Mahagoni ein teures Holz. Im Lauf der Zeit dunkelt Mahagoni stark nach – das macht es schwierig, eine optisch übergangslose Reparatur nach einem Schaden vorzunehmen, da das neu eingebaute Holzstück deutlich heller sein dürfte.

Mahagoni

Teak

Decks an Schiffen und Gartenmöbel sind nicht umsonst meist aus Teak/ Teakholz. Es ist sehr stabil gegenüber Witterungseinflüssen, auch gegen Pilze, Insekten und Fäulnis zeigt es sich sehr widerstandsfähig. Teakholz hat einen hohen Anteil an natürlichen Ölen. Deswegen kann man nicht jeden Holzlack darauf verstreichen, da sich manche rasch wieder ablösen würden. Am besten lässt man Teak unbehandelt, da es von sich aus über sehr gute Schutzfunktionen verfügt und die auch behält. Am zweitbesten ist es, Teakholz regelmäßig zu ölen. Die hohen Stämme sind astfrei, das Holz ist gut zu bearbeiten.

Teak lässt sich gut verleimen, es ist mittelmäßig druckfest, verfügt aber über eine hohe Biegefestigkeit und ist von Haus aus wasserabweisend.

Teakholz ist wegen Raubbaus durch illegalen Holzeinschlag ins Gerede gekommen – es gibt aber auch Plantagenholz. Plantagenholz wird eine etwas schlechtere Qualität im Vergleich zu natürlich gewachsenem Holz nachgesagt. Das ist allerdings Kritik auf hohem Niveau.

Nutzung im Bootsbau: Frisch als Deck verlegt ist das hellbraune bis dunkelbraune Teak sehr langlebig und vor allem bei Nässe rutschfest. Mit der Zeit wird Teak grau – das ist aber eine rein optische Angelegenheit, seine Eigenschaften behält es trotz der Farbänderung. Die weniger beachteten, aber stark belasteten Würfelgrätings am Cockpitboden sind oft aus Teak, auch für die Inneneinrichtung von Booten wird es verwendet.

Kernholz/Splintholz

Wenn aus einem Baum Bretter werden sollen, reicht es nicht, ihn einfach zu zersägen. Allein schon deshalb, weil man das wertvollere Kernholz vom Splintholz unterscheidet.

Das helle Splintholz ist der biologisch aktive Teil des Baumes: Er versorgt ihn mit Wasser und Nährstoffen. Das Kernholz ist dagegen inaktiv. Es ist weniger feucht und deutlich haltbarer als das Splintholz.

Der dunkle Bereich im Inneren ist das Kernholz. Der helle Anteil ist das Splintholz, außen die Rinde.

Holzschnitt

Massivholz verzieht sich im Lauf der Zeit unterschiedlich. Wenn aus dem Baum Bretter gesägt werden, bekommt man aus einem Baumstamm automatisch unterschiedliche Bretter: Das Herzbrett erkennt man an stehenden Jahresringen, es ist aus der Mitte geschnitten. Herzbretter verziehen sich am wenigsten. Direkt über und unter dem Herzbrett liegen die Mittelbretter, die sich schon stärker verziehen.

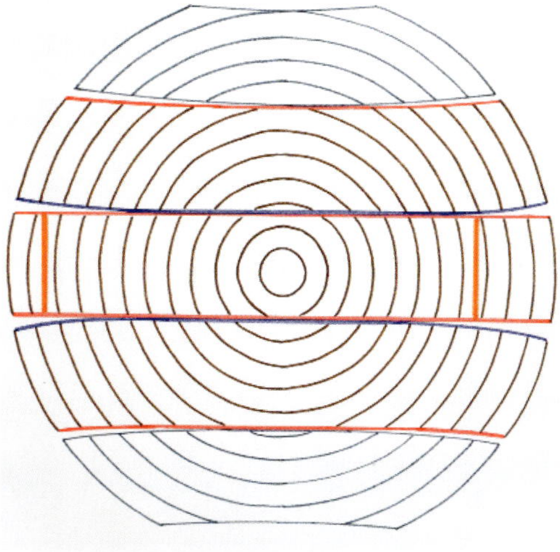

Holz arbeitet und verzieht sich unterschiedlich: Das Herzbrett am wenigsten, die Mittelbretter mehr, die Seitenbretter am meisten.

Am stärksten arbeiten die Seitenbretter – das sollte man beim Kauf berücksichtigen.

Hirnholz und Längsholz

Den Unterschied zwischen Hirnholz und Längsholz sollten Sie bei Ihren Arbeiten berücksichtigen, wenn Sie Lack, Öl oder Wachs auftragen.

Hirnholz ist die Fläche, bei der die Holzfasern quer durchsägt sind, Längsholz ist entlang der Faser gesägt.

Da bei Hirnholz die »Adern« an der Schnittfläche offen sind, ist es deutlich saugfähiger als Längsholz. Sie erkennen Hirnholz gut an den kreisförmigen Jahresringen. Für die Arbeit an Hirnholz gilt, dass die Oberfläche intensiver mit Lack oder Öl behandelt werden muss.

4 SPERRHOLZ: Welches Sperrholz kann man außen/innen anwenden?

Die legendären Waarships wurden fast vollständig aus Sperrholz gebaut. Viele der Boote schwimmen auch nach Jahrzehnten noch.

Sperrholzarten

Wenn wir Holz für unsere Boote ver- oder bearbeiten, wird es sich häufig um Sperrholz handeln. Sperrholz hat einfach so viele Vorteile, dass es sich dafür anbietet. Es ist trotz geringer Stärke vergleichsweise fest und dabei leicht, einfach zu bearbeiten, da es wenig Unregelmäßigkeiten in Struktur und Dichte aufweist, und es ist in verschiedenen Qualitäten (und damit Preislagen) zu bekommen. Außerdem verzieht es sich normalerweise nicht – im Gegensatz zu Massivholz.

Sperrholz besteht aus mindestens drei miteinander verleimten Schichten.

Dabei gibt es drei wichtige Unterarten: **Brettsperrholz** wird aus dünnen Massivholzbrettern verleimt. Die Bretter werden so hergestellt, dass ihr Faserverlauf von Schicht zu Schicht jeweils quer läuft – das stabilisiert erstens und zweitens verzieht sich die Platte dadurch nicht.

Die zweite Art ist die **Tischlerplatte**. Hier werden stärkere miteinander verleimte Massivholzleisten in die Mitte gelegt, oben und unten kommen als Sandwichplatten die dünneren Deckschichten darauf.

Und schließlich gibt es noch das **Furniersperrholz**: Mehrere dünne Furnierplatten werden miteinander verleimt. Sind es fünf oder mehr Lagen, dann findet man diese Platten im Fachhandel unter der Bezeichnung **Multiplexplatten**. Im Bootsbau ist es sehr wichtig, darauf zu achten, dass man wasserfest verleimtes Sperrholz kauft – alles andere ist im Salzwasserklima nicht haltbar genug. Dafür hat sich der Begriff »Bootsbausperrholz« eingebürgert. Die Anforderungen für den Außenbereich: Die Verleimung muss nach AW 100 allwetterfest, wasserfest und kochfest sein, die dazugehörige Norm hat die Nummern EN 314-1 und EN 314-2.

Verschiedene Arten von Sperrholz: Multiplexplatte (oben), Tischlerplatte und 3-Schicht-Sperrholz (unten).

Teuer aber von bester Qualität ist Sperrholz mit einem Gütesiegel des Germanischen Lloyd.

Die Deckschichten weisen häufig Qualitätsunterschiede auf. So sind Astlöcher ein Problem. Bei Platten geringerer Qualität werden die Löcher schlicht ausgebessert. Das ist nicht weiter schlimm, wenn man etwa Zwischenböden für Regale benötigt: Man kann auf die zurückgreifen, wenn es auf die Optik nicht so sehr ankommt. Ebenso häufig haben Sperrholzplatten eine Schokoladenseite ohne optische Mängel und eine »schlechte« mit optischen Mängeln. Das sollte man beim Einbau berücksichtigen.

Sperrholz schleifen und lackieren

Sperrholz ist ein sehr brauchbares Material für die Verwendung auf Booten. Es hat aber auch zwei Nachteile.

Nachteil eins: Die Kanten sind empfindlich. Wird hier nicht sorgfältig genug versiegelt, dringt Wasser ein und das Holz quillt auf. Die Kanten sind ein häufiger Ausgangspunkt für eine nachhaltige Schädigung einer Sperrholzplatte.

Nachteil zwei: Es lässt sich nur begrenzt abschleifen. Das ist logisch, denn es besteht aus dünnen Holzschichten. Schleifen Sie also zu viel Material ab, dann kommen Sie zur nächsten darunter liegenden Schicht. Das Ergebnis sehen Sie auf dem Foto unten.

Viel zu überlegen gibt es da nicht: Entweder man lebt mit dem optischen Ergebnis, oder man sägt sich gleich eine neue Sperrholzplatte zu. Rech-

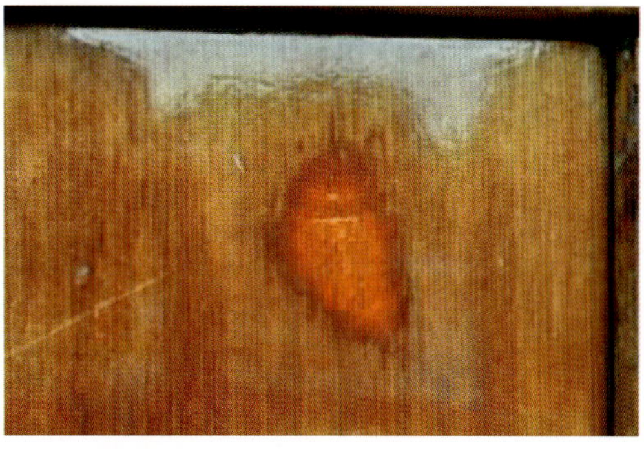

Hier wurde etwas zu viel abgeschliffen.

nen Sie aber gleich damit, dass sich die Arbeit ausweitet: haben Sie etwa ein dreiteiliges Steckschott, dann wird ein Ersatzstück sich höchstwahrscheinlich farblich von den anderen deutlich abheben. Es ist also besser, gleich alle drei Teile zu erneuern.

Sperrholzflicken einsetzen

Löcher oder Lecks im Holz zu flicken, ist ein Thema für sich.

Bei einer durchstoßenen Planke – ganz gleich, ob Karweel oder Klinkerbeplankung, fasst man ein ziemlich heißes Eisen an, weil bei allen Arbeiten rings um die Schadstelle das Holz nicht weiter beschädigt werden darf, wenn zum Beispiel Nieten entfernt werden müssen. Dann besteht noch mehr Gefahr, dass das Holz ausreißt. Solche Arbeiten gehören in die Werft.

An Sperrholz, wie man es an Knickspantbooten findet, kann man hingegen leichter einen Durchstoß flicken. Der erste Gedanke liegt sicherlich darin, das Loch eckig auszuschneiden, um eine gerade Strecke zu bekommen, die man leicht einsetzen kann. Dennoch empfehle ich das Einsetzen eines runden Flickens, denn die Ecken können bei der Reparatur zum Problem werden. Es soll nämlich geschäftet werden, das heißt, der eingesetzte Flicken ist außen größer als innen. Die Steigung oder das Gefälle, kurz die Schrägung, die die Außen- mit der Innenseite verbindet, nennt man Schäftung. (Mehr dazu finden Sie unter »Kleben und Verbinden«.)

Das Einsetzen des Sperrholzflickens vollzieht sich in kurzen Schritten so:

(1) Zunächst wird rings um die schadhafte Stelle ausgeschnitten. Den Ausschnitt verwendet man, um einen entsprechend der Schäftung größeren Flicken zuzuschneiden.

(2) Sowohl der Ausschnitt als auch der Flicken wird so abgeschrägt, dass der Sperrholzflicken gut in den Ausschnitt passt und beiderseits bündig abschließt.

(3) Das Resultat ist ein genau eingepasster Flicken, der beiderseits nahtlos mit dem ursprünglichen Sperrholz abschließt.

Natürlich ist es nicht ganz einfach, die Schrägung perfekt hinzubekommen, aber sorgfältiges Arbeiten, mehrmaliges Anpassen und Nachschleifen führt auch hier zum Erfolg.

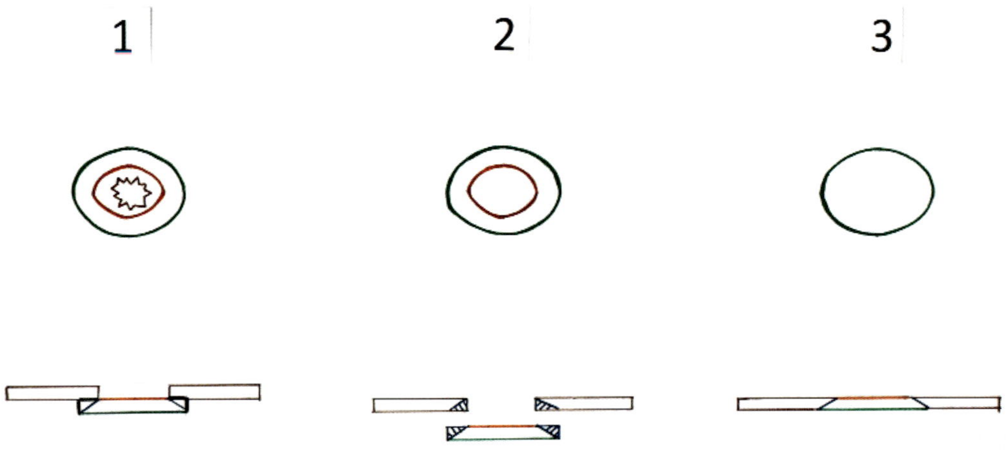

Furnierflicken einsetzen.

Furnierflicken einsetzen

Bei einem Furnierflicken geht es darum, eine schadhafte Oberfläche optisch aufzubessern. Es ist die Art von Arbeit, die Künstler ausführen, wenn sie wunderschöne Muster oder Gemälde aus verschiedenen Holzfurnieren als Intarsienarbeiten ausführen.

Ihre Ergebnisse werden nicht annähernd so gut sein – aber einen oberflächlichen Schaden kann man damit einigermaßen beheben. Es kann nicht schaden, wenn Sie diese Technik in einer ereignislosen Stunde an einem Probestück üben.

Sie benötigen Furnierholz in der gleichen Art, wie das beschädigte Deckblatt des Sperrholzes. Furnierholz gibt es mit Klebeschicht oder ohne. Was Sie verwenden, hängt vom Zweck ab, da die Klebeschicht nicht wasserfest ist: Für Innenräume geht es gut mit Klebeschicht. Für Furnierflicken, die dem Wetter ausgesetzt sind, müssen Sie selbst zum Leim greifen und da die wasserfeste Variante wählen.

Zunächst geht es darum, die schadhafte Stelle sauber auszufräsen. Das machen Sie mit einer Oberfräse. Wenn Sie hier für einen regelmäßigen Umriss sorgen, ersparen Sie sich komplizierte Feinarbeit beim Zuschneiden des Furnierflickens. Gehen Sie lieber etwas zaghaft beim Einstellen der Oberfräse vor: Wenn sie sich einmal zu tief ins Material eingearbeitet hat, bekommen Sie das kaum wieder hin. Also besser einmal nachziehen.

Zunächst wird die schadhafte Stelle sauber ausgefräst.

Der Verlauf der Maserung soll möglichst gut passen.

Den Furnierflicken suchen Sie danach aus, wie gut seine Maserung sich später in die Umgebung einfügt. Das Zuschneiden geschieht mit einem Cuttermesser. Auf den Fotos kann man erkennen, wie man sich gut voran arbeiten kann:

Passen Sie den Flicken zunächst in der Breite an. Achtung: Auch ein Furnierstreifen ist Holz, und es kann Ihnen passieren, dass Sie entlang einer nicht gerade verlaufenden Faser schneiden. In dem Fall sorgen Sie dafür, dass zunächst etwas Überschuss bleibt, und dann arbeiten Sie die überstehenden Stellen Stück für Stück nach.

Zunächst die Breite passend zuschneiden.

Irgendetwas in der Nähe hat schon die Rundung, die Sie brauchen.

Passt die Breite, dann muss unser Flicken noch oben und unten angepasst werden. Haben Sie es mit einer Rundung zu tun, nehmen Sie sich aus dem was bei Ihnen herumsteht eine runde Form, die genau passt. Das kann der Deckel eines Glases oder der Schraubverschluss einer Tube sein. In den Fotos hat eine kleine Batterie genau die passende Rundung gehabt. Mit ihrer Hilfe kann man den Ausschnitt anzeichnen und dann mit dem Cutter zuschneiden. Mit feinem Schleifpapier rundet man die Sache ab.

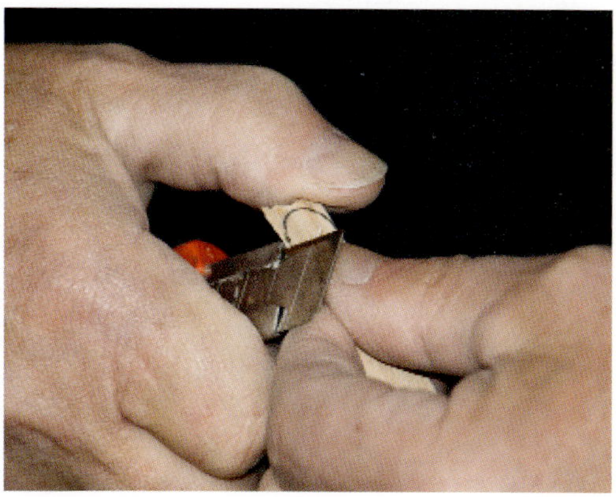

Sauber mit dem Cutter arbeiten hält die Anzahl der Finger konstant.

Genauso verfahren Sie mit dem anderen Ende. Lässt sich der Flicken sauber einsetzen, kann er eingeklebt werden – entweder nach Anweisung des Herstellers, etwa mit einem Bügeleisen, oder mit Leim.

Anschließend wird die gesamte Stelle noch etwas beigeschliffen.

Der Flicken ist später zu erkennen – ein nahtlos aussehender Übergang wird den wenigsten gelingen. Aber das Ergebnis ist bei sorgfältiger Arbeit deutlich schöner als eine schadhafte Stelle.

Die Ränder lassen sich jetzt noch sauberer schleifen. Nach der Lackierung ist die Reparatur sichtbar, aber tolerierbar.

5 LEIMEN, SCHRAUBEN UND VERBINDEN

Leimen

Leimen ist die traditionelle und höchst haltbare Verbindungsmöglichkeit für Holzteile.

Im Bootsbereich sollten wir nur seewasserfesten Bootsleim verwenden. Was Sie als normalen Weißleim im Baumarkt bekommen, ist für unsere Zwecke meist nicht zu gebrauchen. Leim wird in unterschiedliche Klassen von D 1 bis D 4 eingeteilt. Die Klassen bezeichnen die Wasserbeständigkeit der Leime. Sie reichen von »nur mit getrockneten Hölzern verarbeiten« (D1) über »geeignet bei kurzer Kondenswasserbelastung« (D2) und über »geeignet für nicht so häufige Wasserbelastung wie bei Badmöbeln« (D3) bis zu »geeignet für häufige Wasserbelastung« (D4). Dabei können wir auf Booten die Leimklassen D1 bis D3 komplett aus dem Werkzeugkasten verbannen – und damit alles, was Weißleim ist, denn dieser ist nur in den ersten drei Klassen zu bekommen.

Mit D4-Leim verarbeitete Holzteile müssen dennoch immer mit Lack geschüzt werden.

Was wir benötigen, ist zum Beispiel Resorcinleim – unter diesem Namen ist er bekannt. Die Verwendung im Bootsbau ist bewährt. Die höchstmögliche Haltekraft von Leim wird aber nur erreicht, wenn die zu verleimenden Teile mit Schraubzwingen aneinandergepresst werden. Ein wesentlicher Nachteil von Resorcinleim: Er ist in der Regel nicht fugenfüllend. Die Teile müssen also passgenau sein. Beachten Sie allerdings diese Regeln und pressen genau gearbeitete Werkstücke mit Schraubzwingen aneinander und lackieren Sie anschließend, haben Sie nach dem Aushärten des Leims eine ausgesprochen stabile Verbindung.

PU-Leim

PU leitet sich von Polyurethan ab. PU-Leime sind außerordentlich fest sowie fugen- und porenfüllend. PU-Leim ist gesundheitlich bedenklich, solange er nicht ausgehärtet ist – deswegen immer auf gute Belüftung achten. Außerdem sollten Sie bei der Verarbeitung Handschuhe tragen. PU-Leim bringt aus-

Wo wasserfest draufsteht, ist nicht unbedingt bootstauglicher Leim drin. Generell gilt: Weißleim besser vermeiden.

gesprochen starke Verbindungen hervor und ist relativ tolerant was die Restfeuchte des Holzes betrifft. Er klebt nicht nur Holz, sondern so ziemlich alles, was wir auf Booten an Material antreffen. Er schäumt häufig ein bisschen auf. Will man größere Flächen verkleben, empfiehlt es sich, diese vorher mit Wasser zu benetzen, denn das Polyurethan härtet mithilfe der Feuchtigkeit aus. Wer mit PU-Leim arbeitet, lobt zudem noch die lange Topfzeit, die es erlaubt, direkt größere Mengen zu verarbeiten.

Das bringt natürlich auch eine entsprechend lange Aushärtezeit mit sich – und damit auch die Notwendigkeit, die Teile mit Schraubzwingen zusammenzuhalten, bis der Leim seine Festigkeit erreicht hat.

Epoxidharz

Eine Alternative ist das Verbinden mit Epoxidharz. Geschickt mit anderen Materialien kombiniert, ist es ein Tausendsassa für alle möglichen Arbeiten.

Die Verbindung ist ebenfalls hochfest: Wenn Sie auf diese Weise verbundene Holzteile mit Gewalt auseinanderbrechen, wird die Bruchstelle mit hoher Wahrscheinlichkeit nicht an der Leimstelle sein.

Epoxidharz hat ein paar Vorteile, die man unter Umständen gut brauchen kann – und ein paar Einschränkungen, die man aber ausschalten kann.

Die Vorteile: Epoxidharz ist fugenfüllend, Leim nur bis etwa 0,5 mm. Epoxidharz erzeugt auch ohne hohen Pressdruck sehr feste Verbindungen. Bei Leim steht und fällt die Verbindung damit, wie stark die frisch verbunden Teile gepresst worden sind. Und: Epoxidharz könne Sie gut verwenden, um etwa Bohrlöcher zu verfüllen, um Hohlkehlen herzustellen oder um Spachtelmassen anzurühren.

Man kann Holz, GFK, Alu, Stahl oder Messing mit Epoxidharz verbinden.

Die Nachteile: Epoxidharz kann Sie empfindlicher für Allergien machen – man sollte also auf jeden Fall Handschuhe bei der Arbeit tragen und Hautkontakt mit dem Produkt vermeiden. Auch aus diesem Grund sollten Sie Epoxidkomponenten außer Reichweite von Kindern aufbewahren (aber das gilt eigentlich grundsätzlich für die Hälfte dessen, was sich so in Ihrer Werkstatt befindet). Zudem sollten Sie bei Epoxidharz das Mischungsverhältnis mit dem nötigen Härter genau einhalten. Dazu nehmen Sie am besten eine digitale Waage mit Grammanzeige, die kann man für nicht allzu viel

Zwei kleine Zaubermittel: Fasern aus Baumwolle und Mikrokugeln.

Ketchupflaschen helfen bei der Dosierung, die Briefwaage sagt, wann es genug ist.

Geld kaufen. Auch die Umgebungsvariablen wie Temperatur und Luftfeuchtigkeit müssen beachtet werden (siehe Hinweise auf den Produkten).

Harz und Härter sollten immer von derselben Firma sein – versuchen Sie gar nicht erst herauszufinden, was passiert, wenn man ein Harz der Firma X mit einem noch herumliegenden Härter der Firma Y mischt – das Ergebnis kann mangels ausreichender Festigkeit ärgerlich bis gefährlich ausfallen.

Ein weiteres Problem von Epoxidharz ist, dass es empfindlich auf UV-Strahlung reagiert. Das lässt sich aber problemlos dadurch umgehen, dass man die mit Harz behandelten Stellen anschließend überlackiert.

Mit zwei Zusatzstoffen erhöhen Sie die Vielseitigkeit von Epoxidharz noch einmal enorm – und das sind: Baumwollfasern und/oder Mikrokügelchen. Beides gibt es in Plastikdosen fertig zu kaufen. Baumwollfasern ändern die Konsistenz des an sich dünnflüssigen Harz-Härtergemisches: Es wird so dickflüssig, wie Sie es haben wollen. Das ist zum Beispiel attraktiv, wenn Sie eine senkrechte, fugenfüllende Harzspur brauchen – Epoxidharz ist von Haus aus so dünnflüssig, dass das Holz zu viel davon aufsaugen kann, und die eigentliche Naht dann zu leimarm wird.

Mikrokügelchen helfen mit, eine sehr druckfeste Verbindung herzustellen.

Weitere Möglichkeiten sind denkbar. Der später im Buch noch erwähnte Technische Berater der Albin-Vega-Klassenvereinigung Dieter Främbs berichtet zum Beispiel, dass er aus Epoxidharz vermischt mit Graphit ein Ruderlager selbst gegossen hat.

Eine Epoxidharzverklebung hat unterschiedliche Zeiten zum Aushärten. Die liegen zwischen zehn Minuten und ein paar Stunden. Um die »Topfzeit« (= die Zeit, in der Sie das angerührte Gemisch verarbeiten können) entsprechend ihren Bedürfnissen einzustellen, gibt es schnell oder auch langsam reagierende Härter zu kaufen. Außerdem ist die Aushärtezeit stark temperaturabhängig.

Nach acht Stunden sind aber alle Mischungen hart – allerdings benötigt Epoxidharz dann noch einige Wochen, um seine Endfestigkeit zu erreichen.

Der Umgang mit Epoxidharz kann durch ein paar Tricks vereinfacht werden.

Ein Trick ist die Verwendung von Ketchupflaschen, die eine Lippendichtung haben. Füllen Sie Harz und Härter jeweils in eine Flasche hinein, und Sie können beides gut dosieren und vermeiden auch noch weitgehend Kleckereien.

Da Ketchup ein Lebensmittelbehältnis ist, ist es wichtig, eine deutliche Markierung anzubringen, dass nun ein giftiger Stoff in die Flasche gefüllt wurde.

Ein weiterer Trick ist die Verwendung von Einwegspritzen, um auch kleinste Mengen Harz und Härter fein dosieren zu können.

Zu empfehlen sind Einweghandschuhe aus Latex, um Hautkontakt zu vermeiden, dazu Einwegkaffeebechereinsätze als Mischgefäße.

Auch eine Trennfolie können Sie sich einfach beschaffen: Haushaltsfrischhaltefolie eignet sich ebenso wie Kunststoffpackband, um das Epoxiharz von Stellen zu trennen, an denen es nicht kleben soll. Hier ein Beispiel, wie eine an sich anfällige Verbindung mit Epoxidharz enorm belastbar wird.

Es geht darum, ein Brettchen von geringer Stärke senkrecht anzukleben. Das kommt etwa vor, wenn man eine Schublade einteilen oder einen Schrank einbauen will.

Damit das von Haus aus eher dünnflüssige Epoxidgemisch nicht wegfließt, wird es mit den erwähnten Baumwollfasern angedickt – mischen Sie so viel Fasern dazu, bis Ihnen die Konsistenz ausreichend dick erscheint.

Da die wenigen Quadratmillimeter direkter Klebefläche etwas knapp sind, um sicher zu halten, verstärken Sie Ihre Klebung noch mit einer Hohlkehle – das kann auch ruhig auf beiden Seiten geschehen.

Wichtig ist es vor allem, das ausgehärtete Epoxid anschließend zu lackieren, wenn die Verklebung UV-Strahlen ausgesetzt ist.

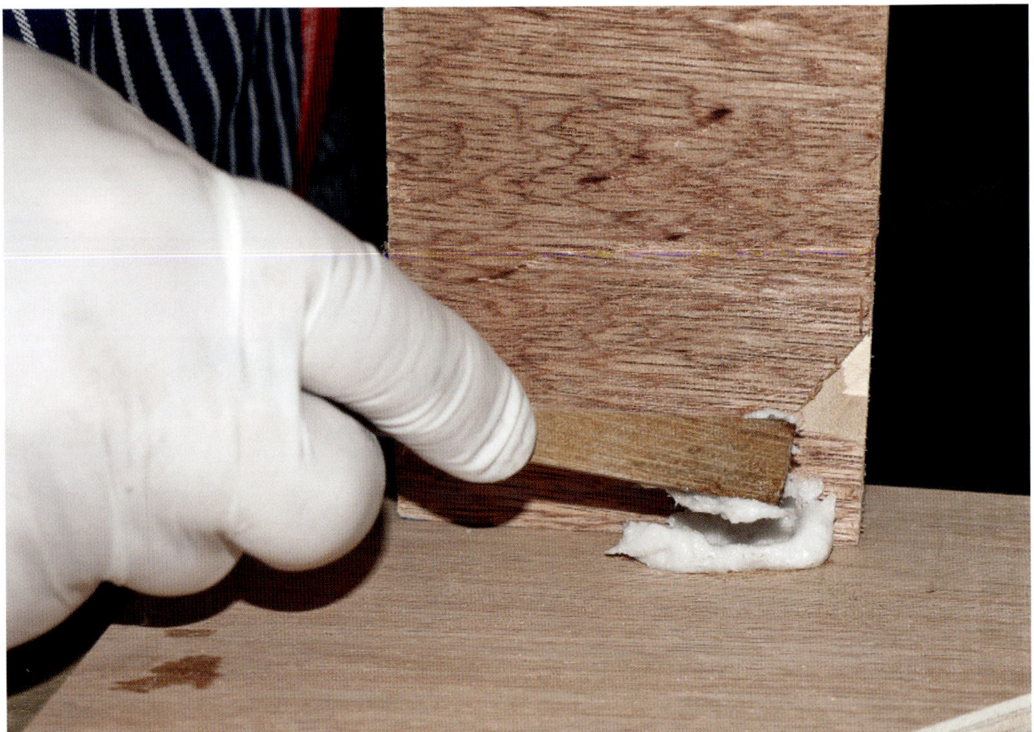

An sich problematisch: ein dünnes Brettchen mit wenig Klebefläche auf den Untergrund setzen ...

… dank der enormen Klebekraft von Epoxid funktioniert das mit einer Hohlkehle sehr gut.

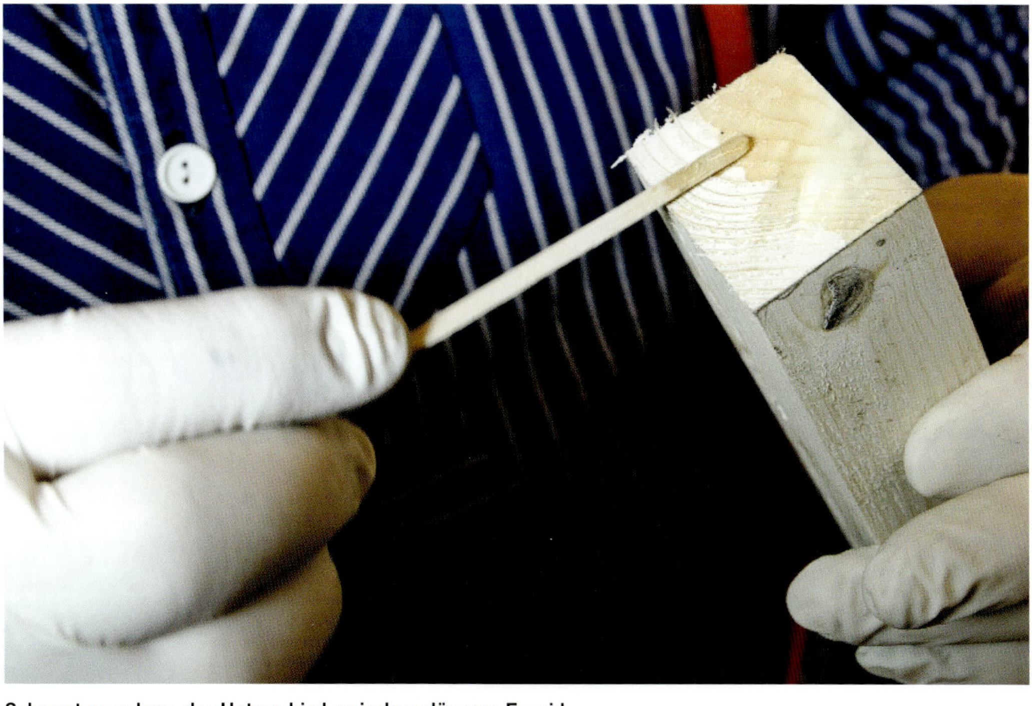

Sehr gut zu sehen: der Unterschied zwischen dünnem Epoxid …

... und mit Bauwollfasern angedicktem Epoxid.

Schrauben

Gewöhnen Sie sich an, Schraublöcher vorzubohren. Sie vermeiden so vor allem bei hartem Holz abgedrehte oder verwackelte Schraubenköpfe. Bohren Sie mit einem Durchmesser, der kleiner ist als der Schraubendurchmesser vor, denn Sie erreichen natürlich keine feste Verbindung, wenn die Schraube in das Bohrloch hineinfällt.

Es sieht immer besser aus, wenn Sie Schrauben im Holz versenken. Dazu benötigen Sie einen Satz Versenkbohrer verschiedener Größen. Mit ihnen bohren Sie eine trichterförmige Vertiefung, sodass der Schraubenkopf plan mit der Holzoberfläche abschließen kann.

Sind an gut sichtbaren Stellen viele Schrauben nötig und ist das Holz stark genug, dann können Sie die Schraublöcher verpfropfen. Das Ergebnis sieht sehr schön aus und ist einfach zu bewerkstelligen.

Dazu bohren Sie das Schraubloch vor, dann weiten Sie das Bohrloch im oberen Bereich mit einem Bohrer, der in der Stärke der Größe des Schraubenkopfes entspricht ein paar Millimeter. Die Schraube kann nun tief eingesetzt werden. Die Bilder erläutern die Vorgehensweise beim Verpfropen.

Pfropfen – andere sagen Holzdübel – gibt es in verschiedenen Stärken, Längen und Holzarten in jedem Baumarkt für ein paar Cent. Der Dübel wird im unteren Teil eingeleimt und in das erweiterte Loch gesteckt. Was nun noch von ihm herausguckt, wird mit einem Stechbeitel abgeschlagen. Da das nie hundertprozentig glatt geht, ist jetzt noch der

Die Schraube wird versenkt ...

... ein passender Pfropfen eingeleimt ...

... und das Ergebnis mit Schleifpapier harmonisiert.

Einsatz von Schleifpapier nötig. Das ist zugegebenermaßen etwas mehr Aufwand, als einfach nur eine Schraube einzudrehen, geht aber nach ein paar Versuchen leicht von der Hand – und das Ergebnis überzeugt. Die Schraube ist nicht nur unsichtbar, sondern die Verbindungsstelle ist durch den Pfropfen und die anschließende Lackierung auch sehr gut vor Witterungseinflüssen geschützt.

Jede Menge verpfropfte Schraublöcher – allerdings wurde hier mit Epoxid gearbeitet, was auch sehr gut funktioniert.

Verbinden

Nageln

Mit Nagel und Hammer arbeiten wir an Bord eher selten. Die Verbindung mit einer Schraube ist meist die bessere. Nägel kommen höchstens zum Einsatz, wenn eine kleine Zierleiste irgendwo befestigt werden soll, wobei selbst da gerade Reihen kleiner Messingschrauben die schönere Optik bringen.

Nägel werden auch verwendet, um ein Werkstück provisorisch zu fixieren – in diesem Fall werden die Nägel später wieder gezogen und am Ende wird die Verbindung geschraubt.

Schäften

Schäften ist eine besondere Art der Verbindung: etwa von Holzleisten oder bei Booten zum Beispiel von Planken. Der Kunstgriff dabei ist es, etwa zwei Leisten nicht einfach mit ihren stumpfen Enden miteinander zu verbinden, sondern sie jeweils abzuschrägen, sodass die Verbindungsfläche erheblich größer ist.

Die Haltbarkeit einer Schäftung hängt sehr vom Verhältnis der Holzstärke zur Schäftungslänge ab. Um das ideale Verhältnis gibt es kontroverse Diskussionen. Die Angaben reichen von 1:4 bis 1:15. Ein gängiges Verhältnis ist 1:8. Das bedeutet bei einer Leiste von 25 mm Stärke, dass die Schäftfläche 25 x 8 mm lang sein sollte, also 200 mm. Grundsätzlich gilt: Je länger, desto stabiler.

Die Schäftung bietet nicht nur eine feste Verbindung, sondern auch noch eine Eigenschaft, die wir im Bootsbereich gut brauchen können: eine größere Flexibilität, wenn das fertige Stück gebogen werden soll.

Verbindet man zwei Enden stumpf miteinander, dann ist exakt an der Verbindungsstelle das Holz durch die Verleimung deutlich steifer als auf dem Rest der Länge – und das ergibt beim Biegen eine unregelmäßige Kurve. Mit einer Schäftung mildert man das Problem deutlich ab.

Wenn Sie auf einem längeren Stück wie einer Scheuerleiste ein Stück anschäften wollen, ist es trotzdem ratsam, die Stelle so zu wählen, dass die Schäftung auf der Stelle mit dem größeren Biegungsradius sitzt – dann ist sie leichter in Form zu bringen und zu befestigen.

Sie können die Schäftung einfach verleimen, Sie können sie aber auch an mindestens zwei Stellen verschrauben. Die Schraubenköpfe verschwinden später, wenn Sie sie verpfropfen.

Ebenso wie Leisten lassen sich auch Sperrholzbretter miteinander verschäften. Allerdings braucht man dafür viel Fingerspitzengefühl bei der Fein- und Schleifarbeit: Durch die meist geringe Stärke des Sperrholzes ergibt sich ein spitzer Winkel, und es ist schwierig, die Stücke so aneinander anzupassen, dass sie möglichst lückenlos zusammenzufügen sind.

Damit es letztlich harmonisch aussieht, wird die der Übergang an der Schäftung mit Schleifpapier bearbeitet.

Prinzip einer Schäftung.

6

WANN LACKIERE ICH UND WANN ÖLE ICH?

Holz ölen oder lackieren?

Auf Booten kann man beides finden: lackierte Hölzer und geölte Hölzer – wobei häufiger lackiert als geölt wird.

Die Unterschiede zwischen Öl und Lack auf einen Blick:

- Lack bildet Schichten auf dem Holz und verschließt es – Öl dringt in die Holz ein und bildet keine Schicht.
- Lack ist widerstandsfähig gegen Säuren und Alkohol – Öl auch, aber nur für eine gewisse Zeit (je nachdem handelt es sich um Stunden oder Minuten).
- Die Reinigung von Lack und Öl erfolgt auf gleiche Weise: mit warmem Wasser und Spüli.
- Öl muss regelmäßig nachgestrichen werden, es blättert und schuppt aber nicht. Lack hält erst einmal, blättert allerdings irgendwann ab und schuppt.
- Wenn Lack blättert oder beschädigt ist, empfiehlt sich, das ganze Teil ab- oder anzuschleifen und neu zu lackieren. Geölte Holzteile lassen sich auch problemlos partiell behandeln. Ölen ist leicht gemacht und bringt trotzdem ein schönes optisches Ergebnis.
- Öl macht das Holz dunkler, die Maserung wird besser sichtbar. Der Verdunklungseffekt hängt von den verschiedenen Sorten ab, die auch eingefärbt sein können. Lack verdunkelt das Holz ebenfalls, je nach Sorte hat er eine Glanzschicht oder ist matt.
- Dadurch, dass geölte Flächen offenporig sind, kann das Holz quellen und schwinden. Lack versiegelt dagegen die Oberfläche, sodass kein Wasser eindringen kann.

Für uns Bootsleute sprechen folgende Gründe für das Ölen:

Holzöl ist leicht zu verarbeiten, die Holzoberfläche bleibt natürlich in der Haptik und Faseroptik. Richtig geöltes Holz ist sehr griffsympathisch. Beschädigungen sind leicht zu reparieren.

Man sollte sorgfältig abwägen, ob stark wasserbelastete Teile geölt werden: Grundsätzlich ist geöltes Holz offen, nimmt also Wasser auf, und kann dementsprechend quellen und schwinden. Einige Bootseigner ölen gerne Handläufe oder die Fassung für das Schiebeluk – einfach deshalb, weil man

Das Musterstück ist links geölt, in der Mitte unbehandelt und rechts lackiert.

schnell und problemlos nachölen kann, wenn es nötig ist.

Generell gilt: Geöltes Holz sollte nicht permanent im Wasser sein, sondern immer wieder trocknen können.

UV-Strahlen der Sonne sind nicht gut für Öl, es gibt aber UV-stabilisierte Sorten im Handel.

Das Stichwort Öl verleitet zu einer falschen Assoziation. Man glaubt, die Oberfläche müsse anschließend rutschig sein. Dies trifft aber nicht zu.

Es gibt unterschiedliche Öle, ein wichtiges Kriterium bei Hartölen ist die Beimengung sogenannter Sikkative. Sie sorgen dafür, dass das Öl schneller aushärtet.

Die Verarbeitung von Öl

Das Holz sauber schleifen: Für eine schöne Oberfläche müssen graue Stellen ausgeschliffen werden. Wenn das Holz vorher lackiert war, müssen Sie besonders gründlich schleifen, denn das Öl soll in das Holz einziehen. Das kann es aber an den Stellen, an denen noch Lackreste im Holz sind, nicht.

Den Feinschliff erledigen Sie je nach Anspruch mit 240er bis 320er Korn. Eine Grundierung ist normalerweise nicht nötig. Manch einer grundiert trotzdem. Der Grund dafür ist, dass man so die unterschiedliche Saugfähigkeit der Holzfläche ausgleichen kann. Dazu benutzt man Schellack oder dünnflüssigen Kunstharzlack.

Nach dem Schleifen muss das Holz von Schleifstaub befreit werden. Die erste Ölschicht wird satt aufgetragen. Während des Ölens am besten ein fusselfreies Tuch benutzen, um das Werkstück anzufassen.

Innerhalb von 15-30 Minuten sollte man überschüssiges Öl mit einem fusselfreien Lappen abwischen – das ist wichtig, damit nachher kein Ölfilm auf der Holzoberfläche stehen bleibt. Das Öl dann 24 Stunden einziehen und härten lassen (Herstelleranweisung beachten). Es kann sein, dass sich dieser Zeit Holzfasern aufgerichtet haben. Das ertastet man am besten mit den Fingerspitzen. Wenn ja, empfiehlt sich ein Zwischenschliff. Auch hier wischen Sie das Werkstück anschließend sorgfältig wieder ab.

Die zweite Schicht wird dünn aufgetragen, und auch dann wieder Überschüsse abwischen und das ganze trocknen lassen. Eine dritte Schicht ist meist nicht nötig – das hängt aber von der Saugfähigkeit des Holzes ab.

Je nach Holz dringt das Öl einen oder mehrere Millimeter ein. Die Aushärtung im Inneren kann eine bis mehrere Wochen dauern. Außen ist das Öl aber schon nach einem Tag ausgehärtet.

Man kann geölte Oberflächen abschließend mit Wachs behandeln. Das Wachs schließt noch einmal Poren und macht so die Oberfläche glatter. Der Nachteil ist aber, dass man gewachste Oberflächen nicht ohne weiteres Nachölen kann – erst muss das Wachs herunter. In gewisser Hinsicht ist Wachsen ein Widerspruch zum Ölen: Schließlich ist ein Grund, sich für das Ölen zu entscheiden, dass die Holzhaptik erhalten bleibt.

Häufige Probleme:

- Es steht Öl auf der Oberfläche, weil nicht sorgfältig abgewischt wurde. Die Oberfläche wird klebrig und muss dann mühsam wieder heruntergeschliffen werden.
- Farbunterschiede nach dem Ölen auf ein und demselben Stück Holz: Das liegt an der unterschiedlichen Eindringtiefe. Man kann das mit einer Grundierung minimieren – oder es einfach so lassen und schön finden.

Achtung:

- Mit Öl getränkte Lappen entwickeln Wärme. Sie können sich selbst entzünden.
- Bei der Verarbeitung Handschuhe tragen, manch einer reagiert allergisch auf die Inhaltsstoffe. Abgesehen davon sind sie nicht gut für die Haut.
- Wenn Flächen noch mit Sika oder ähnlichem abgedichtet werden sollen, dürfen die Kontaktstellen nicht geölt werden, weil das die Haftung verringert. Falls es doch passiert ist: Mit Aceton entfetten und oder primern. Ein Primer ist ein sogenannter Haftvermittler. Er sorgt dafür, dass sich das, was eigentlich aufgetragen werden soll, fest mit dem Untergrund verbindet.
- Verdünnung: Einige mischen unerschrocken alles, was ihnen unter die Finger kommt, mit Terpentin, um zu verdünnen. Man weiß aber letztlich nie genau, wie das ausgeht. Wer das macht, sollte wenigstens ein Probestück behandeln, bevor er das Gemisch auf edle Holzteile aufträgt. Besser ist es, entweder mit der vom Hersteller

empfohlenen Verdünnung zu arbeiten, oder ein Grundierungsöl zu nehmen. Natürlich ist die Verdünnung vom Hersteller häufig teurer als eine Universalverdünnung – das Problem ist aber, dass man nie weiß, was genau alles dem Öl beigemischt wurde und wie es auf fremde Verdünnung reagiert.

- Je wärmer das Öl ist, desto besser zieht es ein, weil es dann dünnflüssiger ist.

Lackieren

Wer noch auf der Suche nach einem Hobby ist, der findet beim Thema Lack ein ausreichend großes Betätigungsfeld. Es gibt etwa 500 000 Lackrezepturen alleine in Deutschland.

Die technischen Unterschiede bei verschiedenen Lacken sind schon groß, unübersichtlich wird es aber bei der im Handel angebotenen Produktpalette.

Grundsätzlich gilt:
Lack hat auf Booten die Aufgabe, Wasser vom Untergrund (Holz, GFK, Stahl, Alu) fernzuhalten. Er versiegelt die Oberfläche – zumindest, solange die Lackschicht unbeschädigt ist.

Außerdem färbt und verschönert er die Oberfläche. Zunehmend wichtig ist auch der Schutz vor UV-Strahlen geworden.

Durch die Mischung der Inhaltsstoffe können Eigenschaften eines Lackes verändert werden. So kann er sehr hart (und damit spröde) oder zäh (und damit elastisch) eingestellt werden, sowie hochglänzend oder matt, zäh oder flüssig bei der Verarbeitung.

Lack besteht aus:

- **Bindemitteln:** wie der Name schon sagt, verbinden sie die verschiedenen Inhaltsstoffe miteinander. Bindemittel sind meist Kunstharze wie zum Beispiel Epoxidharz.
- **Lösungsmitteln:** Ihre Aufgabe ist es, die Inhaltsstoffe zu lösen oder zu verdünnen. Ohne Lösungsmittel wäre ein handelsüblicher Lack nicht zu streichen. Nach dem Verstreichen verdunsten die Lösungsmittel und die Inhaltsstoffe bleiben auf dem Werkstück. Gebräuchliche Lösungsmittel für Lacke sind beispielsweise: Aceton, Wasser, Toluol, Xylol, Terpentinersatz, Alkohol. Es gibt mehrere Dutzend Lösungsmittel. Bis auf Wasser handelt es sich in der Regel um gesundheitlich bedenkliche bis gefährliche Stoffe.
- **Hilfsstoffen:** Sie helfen mit, die Eigenschaften des Lacks zu beeinflussen. Das können Weichmacher sein, damit der Lack elastisch bleibt, ebenso Stoffe, die Pilze und Bakterien abtöten, oder Stoffe, die dafür sorgen, dass der Lack schneller trocknet.
- **Färbemitteln:** Hierzu zählen neben den Farbpigmenten auch Stoffe zum Schutz vor UV-Strahlen.

Zur Orientierung eine Auflistung der gebräuchlichsten Lacke:

- Acryllack
- Alkydlack
- Chlorkautschuklack
- Polyurethanlack
- Epoxidharzlack
- Öllack
- Schellack
- Teerlack
- Vinylharzlack

Außerdem gibt es Einkomponentenlacke und Zweikomponentenlacke:

Der **Einkomponentenlack** ist eine Fix- und Fertiglösung: Man kauft eine Dose Lack und kann sie verstreichen. Seine Vorteile: Er ist meist billiger als 2-Komponenten-Lack, hat eine gute Lagerfähigkeit, ist leicht zu verarbeiten und er kann meist auf bereits vorhandene 2-Komponenten-Anstriche aufgetragen werden. Sein Nachteil ist, dass er anfälliger für chemische Reaktionen durch Lösemittel und Säuren ist und zudem weniger belastbar als sein etwas zickiger Verwandter.

Der **Zweikomponentenlack** besteht aus Lack und Härter. Sie müssen im richtigen Verhältnis gemischt werden.

Die Vorteile: Er ist belastbarer als 1-Komponenten-Lack, unempfindlicher gegen Lösungsmittel und Säuren und er haftet besser auf dem Untergrund als 1-Komponenten-Lack.

Die Nachteile hierbei: Die Mischung hat nur eine begrenzte Topfzeit – das ist die Zeit, die er nach dem Anmischen problemlos bearbeitet werden kann. Danach wird der Lack unbrauchbar. Er ist schwerer zu verarbeiten, da die Mischung genau erfolgen muss. Wird 2-K-Lack auf einen 1-K-Lack Anstrich aufgetragen, dann gibt es häufig Probleme, etwa in Form von Bläschenbildung.

Wenn Sie bei einem Altanstrich nicht sicher sind, was Sie da vor sich haben, können Sie das mit Nitroverdünnung testen: 1-K-Lack lässt sich anlösen, 2-K-Lack nicht.

Leider glänzt die Auswahl an Lacken im Malergeschäft oder im Baumarkt für den Laien vor allem durch Unübersichtlichkeit.

Acryllack: »Künstlerlack« zum Malen.
Verdünnung: Meist Wasser, gibt es aber auch als Lösungsmittel.
Eigenschaften: Elastisch, weniger abriebfest als Kunstharzlack, weniger gesundheitsschädliche Lösungsmittel, neigt weniger zur Geruchsbildung, gilt als umweltschonend, schnell trocknend, wasserverdünnbar.
Verwendung allgemein: Behandlung von Heizkörpern, Malfarbe für Künstler, Wände und Fassaden.
Verwendung auf Booten: Holz, Leinwand. Keine erste Wahl.

Alkydharzlack:
Der Name ist ein zusammengesetztes Kunstwort aus Alkohol und Fettsäuren, die bei der Herstellung verwendet werden.
Verdünnung: Testbenzin, je nach Produkt Wasser oder Spezialverdünnungsmittel vom Hersteller.
Gute Eigenschaften: Die Trocknungszeit liegt je nach Schichtstärke zwischen Stunden und Tagen. Hohe Elastizität und Oberflächenhärte. Einfach zu verarbeiten, muss nicht angemischt werden. Ist lange lagerfähig. Hoher Glanz.
Schlechte Eigenschaften: Neigt je nach Produkt zur Vergilbung bei UV-Belastungen. Alkydharzlacke neigen ebenso zu Dickflüssigkeit bei niedrigen Verarbeitungstemperaturen. Sie dringen nicht sehr tief in Holzfasern ein, daher ist die Haftung nicht sehr gut. Sind die Schichten zu dick gestrichen, härten sie nur oberflächlich aus. Glanz verliert sich nach einigen Jahren.
Verwendung allgemein: Behandlung von Holz und Metall innen und außen etwa bei Möbeln, Gartenmöbeln, Parkett, Fenstern.
Verwendung auf Booten: Holz und Metall, innen und außen.

Chlorkautschuklack:
Er wird auch als Bootslack bezeichnet und häufig im Schiffsbau verwendet. Er ist auch als »Schwimmbadfarbe« geläufig.
Eigenschaften: Besonders beständig gegen Säuren und Laugen. Enthält oft besonders giftige Lösungsmittel. Witterungsbeständig, alterungsbeständig, nicht brennbar.
Verwendung allgemein: Schutzanstrich im Metall- und Baubereich (Zement, Beton).
Verwendung auf Booten: Innen, außen, Antifouling. Keine erste Wahl.

Polyesterlack:
Er wird meistens als Zweikomponentenlack verkauft und ist inzwischen nicht mehr sehr häufig auf dem Markt zu finden. Das Lösungsmittel ist Styrol.
Gute Eigenschaften: Polyesterlackbeschichtungen sind sehr widerstandsfähig gegen Wasser, Chemikalien, Laugen und Säuren. Es sind hohe Schichtdicken möglich.
Schlechte Eigenschaften: Reizende und giftige Inhaltsstoffe. Begrenzte Topfzeit, deswegen immer nur kleinere Mengen anmischen.
Verwendung allgemein: Stark belastete Möbeloberflächen.
Verwendung auf Booten: Überwasserbereich.

Polyurethanlack:
Auch bekannt als PU-Lack, PUR-Lack oder DD-Lack. PU-Lack gibt es als Einkomponenten- und als Zweikomponentenlack.
Gute Eigenschaften: PU-Lack härtet durch chemische Reaktion aus. Besonders hart und abriebfest, beständig gegen Wasser, Öl und Chemikalien. Gute Haftung auf dem Untergrund. Die Verarbeitungseigenschaften sind gut: Die Schichten können dicker sein, die Oberflächen sind glatt, die Haltbarkeit ist sehr hoch und er ist sehr wasserdampfdicht.
Schlechte Eigenschaften: Wegen der schädlichen Lösungsmitteleigenschaften stellen sie hohe Ansprüche an die Verarbeitung. Wegen der harten Oberfläche entweichen Lösungsmittel oft erst nach Monaten. Zweikomponenten PUR-Lacke sind noch einmal deutlich härter und haltbarer als einkomponentige, sie sind aber auch weniger elastisch. Bestandteile des Härters sind sehr giftig.
Verwendung allgemein: Breites Anwendungsspektrum für Holz, Kunststoff, Metall, Beton.
Verwendung auf Booten: GFK, Holz. Gute Wahl für Boote. Bei der Verarbeitung ist ein hohes Maß an Sorgfalt nötig.

Epoxidlack:
Zweikomponentenlack mit vielen Vorteilen und ein paar Nachteilen.
Gute Eigenschaften: Der fertige Lackauftrag ist sehr belastbar und sehr widerstandsfähig gegenüber Chemikalien. Er haftet gut auf dem Untergrund, ist sehr dicht gegenüber Wasserdampf und daher im Unterwasserbereich die erste Wahl. Es sind hohe Schichtdicken möglich.
Schlechte Eigenschaften: UV-empfindlich. Epoxidlack stellt hohe Anforderungen an ein exaktes Mischverhältnis von Lack und Härter sowie an die Umgebungsbedingungen.
Verwendung allgemein: Unterwasseranstriche, Korrosionsschutz, stark beanspruchte Böden.

Am besten geeignet für die Beschichtung von Booten sind also Alkydharzlacke, Polyurethanlacke und Epoxidlacke – sie werden dort auch am häufigsten verwendet.

Noch eine Anmerkung zu einem Gerücht, das zumindest einen wahren Kern hat: Immer wieder behaupten Fachleute, dass Lack für Profis besser ist als Lack für Heimwerker. Das stimmt insofern teilweise, als dass Mischungen mit gefährlichen Inhaltsstoffen für den Heimwerker entschärft werden. Vom Profi erwartet man, dass er fachgerecht mit den Produkten umgeht und Arbeitsschutzvorschriften kennt und beachtet. Dem Laien unterstellt man eher eine gewisse Lässigkeit im Umgang mit bedenklichen Inhaltsstoffen. So haben Produkte mit dem blauen Umweltengel einen reduzierten Gehalt an Lösungsmitteln. Die anderen Mischungen haben natürlich auch andere Eigenschaften.

7

PROJEKTE: Verschiedene Holzarbeiten an Booten

Rumpf

Scheuerleiste mit Rundung am Bug

bis

Benötigtes Werkzeug und Material:
Leiste aus Hartholz, Pfropfen, Schraubzwingen, Furnierblätter aus dem gleichen Holz, wasserfester Leim.

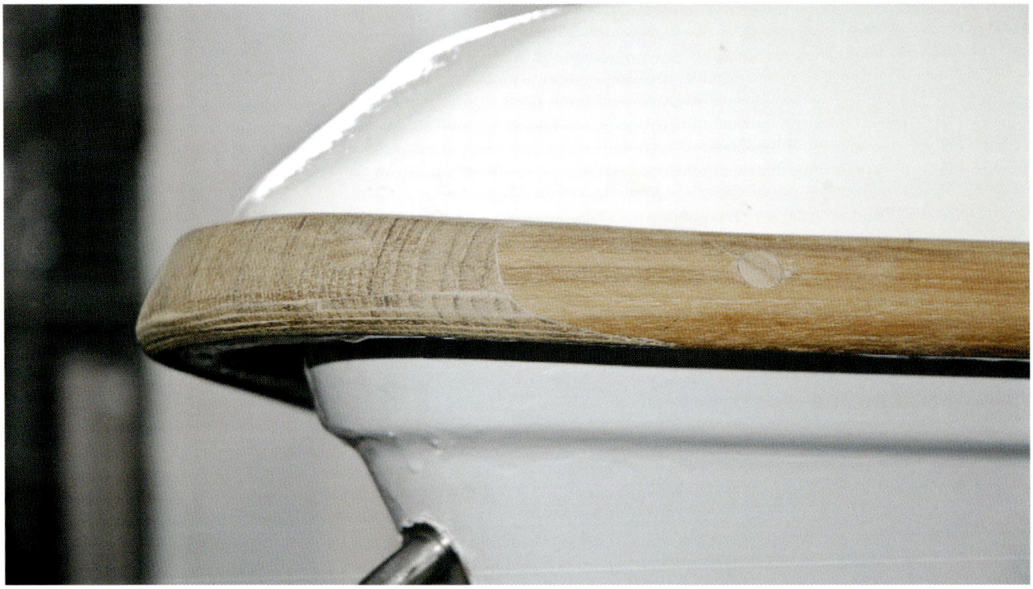

Nichts spricht dagegen, die Scheuerleiste an seinem Boot in dickem Gummi oder in Alu auszuführen. Nichts – außer vielleicht die Optik. Eine schöne Scheuerleiste aus Holz gibt dem Boot eine markante Linie und hilft dabei, es optisch zu unterteilen. Der Hagener Willi Henke hat sich für die Holzausführung entschieden weil er den Ehrgeiz hatte, seine FAM besonders schön herzurichten. Das Ergebnis spricht für sich. »Allerdings musste ich Lehrgeld zahlen«, denn Henke hat die Leiste nicht gedämpft und somit flexibel gemacht, sondern so wie sie war in Form gezwungen. Das ging einigermaßen gut, stieß aber am Bug auf Grenzen: Der Radius ist hier eindeutig zu klein, um eine massive Teakholzleiste, wie er sie verwendet hat, unfallfrei herumbiegen zu können. Seine Lösung: Die Stelle am Bug wurde aus Furnierschichten aufgebaut.

Die Arbeitsschritte:

- Das Bugstück wird separat hergestellt und später an die umlaufende Leiste angeschäftet.
- Die umlaufende Leiste wird angeschraubt, alle Schraublöcher werden verpfropft.

Zunächst zum Bugstück: Die Furnierleisten werden Schicht für Schicht verleimt und mit Zwingen am Bug fixiert. Henke hat Ponal Pur-Leim HV 860 (Handelsname) verwendet. Im nächsten Schritt hat er die Rundung am Bug mit zwei kurzen Leisten verlängert. Das Ergebnis ist ein passgenau gefertigtes Bugstück, das sich an die umlaufenden Leisten anschäften lässt.

Die Stelle, an der Willi Henke Lehrgeld gezahlt hat, war die Schäftung. Die sollte nicht gerade dort sein, wo die Biegung besonders groß ist, denn die wirkenden Kräfte können die Verbindung wieder platzen lassen. Schäftung bedeutet, dass zwei Leisten nicht auf Stoß miteinander verbunden werden, sondern dass sie jeweils Schrägen bekommen, die genau aneinanderpassen. Das erreicht man durch Anzeichnen der Schräge auf der Leiste und anschließendes Schleifen. Um eine möglichst hohe Passgenauigkeit zu erhalten, ist es erforderlich, die Stücke immer wieder aneinanderzuhalten und das Zwischenergebnis zu prüfen. Der Sinn der Sache besteht darin, die Verbindungsfläche deutlich zu vergrößern, damit sie stabil genug ist. Außerdem sorgen Sie mit dem Schäften dafür, dass

Hier werden die Furnierstreifen aufgeleimt. Das Gummistück darüber verteilt den Druck, hält die Form außen und schützt das Furnier vor Macken.

sich die verbundenen Stücke besser in einen Radius biegen lassen, als das bei einer Verbindung auf Stoß der Fall wäre. So oder so muss die Schäftung nicht nur verleimt, sondern auch verschraubt werden – in diesem Fall hat sich eine Verbindung mit zwei Schrauben als gerade ausreichend erwiesen.

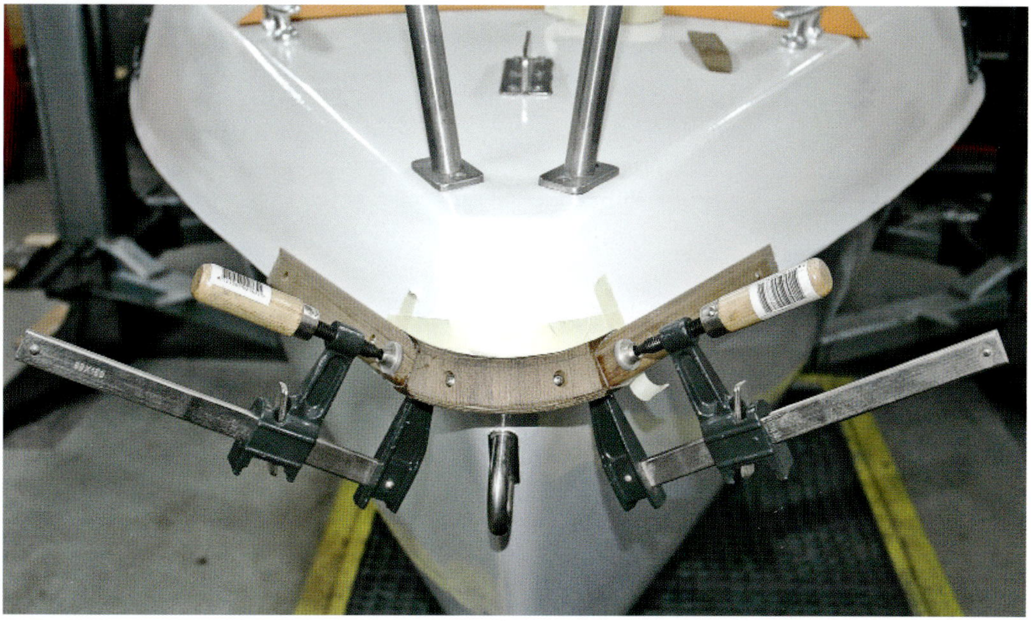

Bei dieser Arbeit ist es sehr praktisch, dass der Bug gleich als Form zu verwenden ist.

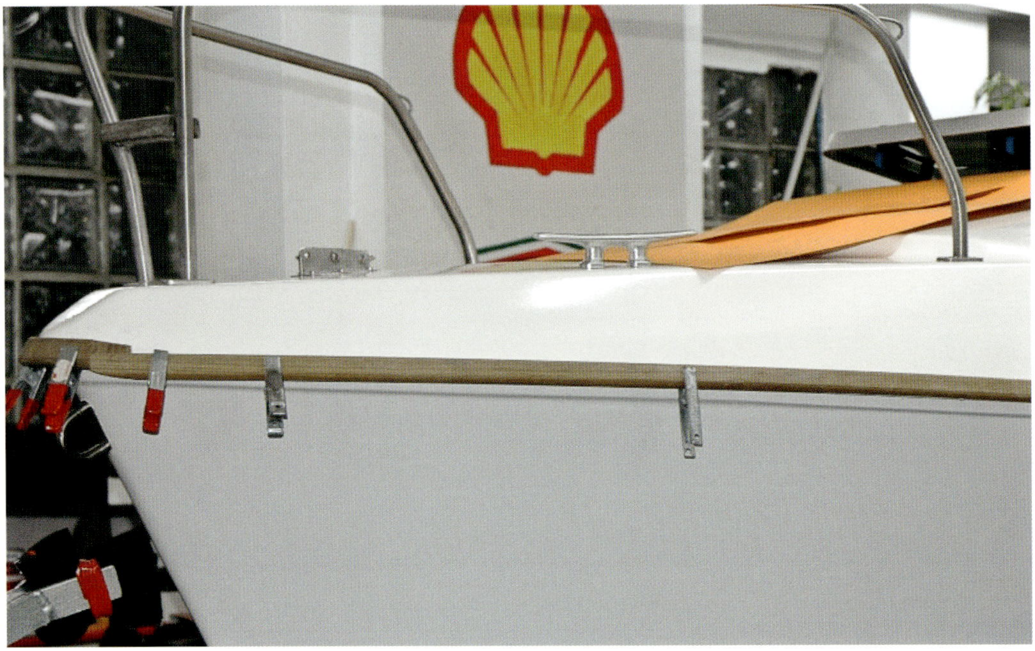

Hier ist die anzuschäftende Leiste grob anfixiert …

Nun können Sie die Leiste am Boot verschrauben. Das funktioniert bei der FAM ganz gut, weil sie extra eine Kante als Aufnahme für die Scheuerleiste hat – man schraubt also nicht direkt in den Rumpf hinein.

Anschließend schleifen Sie Ihre Scheuerleiste noch einmal glatt. Da sich Henke für Teakholz entschieden hat, ist eine Lackierung weder nötig noch anzuraten. Der hohe Ölgehalt von Teak erfordert einen Speziallack, damit er überhaupt auf dem Holz haftet und er ist im Grunde überflüssig, denn Teakholz schützt sich wegen dieses Ölgehaltes selbst vor der Witterung.

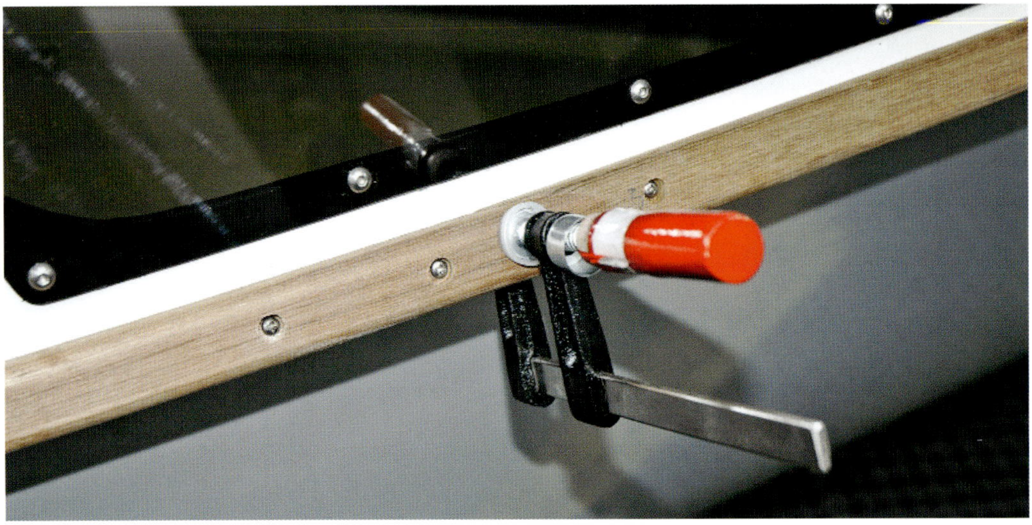

… eine zweite Schäftung: verleimt, verschraubt und mit einer Zwinge in Form gehalten.

Kalfatern

Benötigtes Werkzeug und Material:
Hanfband, Bumwollfäden, Pech (Bitumen), Kalfaterhammer und Setzeisen.

Wir haben uns so sehr an Kleb- und Dichtmasse mit hervorragenden Eigenschaften gewöhnt, dass wir uns kaum noch die Frage stellen, wie die Bootsbauer in den Jahrhunderten vorher eigentlich ohne Sikaflex, Pantera und Co zurechtgekommen sind.

Nun, sie haben kalfatert. Die Technik wird heute im Grunde nur noch benötigt, wenn man Traditionsboote im Originalzustand herrichten will. Deshalb wird sie auch kaum noch beschrieben, weshalb sich ein Blick auf die Methode lohnt, die Plankenstöße überaus haltbar dicht gehalten hat.

Die Methode habe ich auf der Ramminwerft in Mecklenburg Vorpommern bei einem jener leidenschaftlichen Bootsliebhaber angeschaut, die sich ganz dem Erhalt traditioneller Boote verschrieben haben.

Im Kern geht es darum, ein Hanfband in die Fuge zwischen zwei Planken einzuschlagen. Das wird wiederholt und danach ein pechgetränkter Baumwollfaden als Versiegelung angebracht.

Die Idee beim Kalfatern ist, die Planken eines Bootes auseinanderzudrücken und die Konstruktion so mit flexiblem Druck zu unterstützen.

Das Hanfband wird mit dem Setzeisen in die Fuge gedrückt, der Kalfaterhammer ist dann das einzig zugelassene Werkzeug, um ihn hineinzutreiben. Nähme man einen normalen Zimmermannshammer, würde das Band zu fest eingedrückt. Der Kalfaterhammer federt etwas und presst den Hanf nicht zu gewaltsam ein. Hier liegt auch die Kunst, denn das Hanfband ist weniger die Faser, die einen Verbund mit dem Pech herstellt – sondern sie soll vor allem genauso viel Druck auf die Planken ausüben, dass die Holzkonstruktion stabil und doch flexibel genug bleibt. Wer also jemals kalfatern will, sollte sich Feinheiten der Technik unbedingt bei einem Könner anschauen. Im Norden Deutschlands gibt es Museumswerften – gelegentlich werden sie auch von Vereinen betrieben, deren Mitglieder sich

So sauber kann der Abschluss mit einem perfekt eingedrehten Baumwollfaden aussehen.

darum kümmern, dass dieses Wissen erhalten bleibt.

Hat man die ersten zwei Zentimeter Hanf eingeschlagen, ist die Arbeitsweise immer die gleiche: Mit dem Setzeisen schiebt man die nächsten zwei Zentimeter in Richtung Fuge, dann schlägt man mit dem Kalfaterhammer zweimal zu, bis das Hanfband in der Fuge verschwunden ist.

Plankenstoß für Plankenstoß kommen so etliche Meter an einem Boot zusammen, und da das zweite Hanfband auch noch eingeschlagen werden will, ist die Arbeit zeitraubend. Zum Schluss macht man Bitumen heiß und taucht die Baumwollfäden ein. Die werden dann in der Fuge verzwirbelt.

Nach einiger Zeit ist das Bitumen kalt und wieder fest geworden – und die Dichtung hält. Und zwar recht lange: bei einem normalen Boot mit normaler Fahrweise etwa zehn Jahre. Weniger haltbar ist das Ganze, wenn das Boot entweder überhaupt nicht bewegt wird, denn dann setzt sich die gesamte Konstruktion und die Stöße werden an mehreren Stellen undicht. Oder aber wenn das Boot häufig wüst durch schweres Wetter geprügelt wird, dann muss man öfter nachkalfatern. Dass der Baumwollfaden verrottet ist, erkennt man an Farbänderungen: Frisch eingepresst ist er weiß, im Alter braun bis schwarz. Unsere Altvorderen waren daran gewöhnt und haben halt regelmäßig nachgedichtet.

Gebrochenes Holzstück anflicken
– hier: am Niedergangsschott wieder anbauen

Benötigtes Werkzeug und Material:
Wasserfester Leim, eventuell etwas Schleifpapier, Nägelchen, Bohrer, Versenker.

Eine einfache Reparatur, die man aber immer wieder anwenden kann – und zwar an allen Ecken und Kanten: ein kleines Stück Holz ist ausgebrochen. Hier zum Beispiel ist es der Rahmen für das Niedergangsschott.

Wenn Sie das abgebrochene Stück noch haben, sollten Sie es auch zur Reparatur verwenden – das erspart Ihnen die Schwierigkeiten, ein Ersatzstück passend anfertigen und anschließend farblich angleichen zu müssen (was häufig nur schwer zu erreichen ist).

Sie benötigen Leim (wasserfest, am besten ist es, Sie haben gar keinen anderen in Ihrem Werkzeugkasten) oder Konstruktionskleber und ein oder zwei kleine Nägelchen, dazu etwas Holzkitt.

Zunächst kontrollieren Sie, ob das Abbruchstück auch wirklich genau passt – es könnte ja noch ein weiteres Stück irgendwo herumliegen.

Der Kleber wird entsprechend der Gebrauchsanweisung aufgestrichen, das abgebrochene Stück angepasst. Das Anpressen, das sonst mit Zwingen erfolgt, erledigen Sie hier mit den kleinen Nägel-

Ein kleiner Schönheitsfehler, der sich einfach reparieren lässt.

Auf das Leimen wären Sie wohl auch von alleine gekommen: Wichtig ist es, das Stück mit Nägeln zu fixieren.

chen. Die sind am Ende unauffällig und stören das Erscheinungsbild so gut wie gar nicht.

Wenn das anzuflickende Stück etwas größer ist, könne Sie die Reparatur noch verfeinern, indem Sie nach Bedarf ein kleines Loch oder mehrere Löcher vorbohren. Mit einem Versenker erreichen Sie das Gleiche – darin verschwinden die Nagelköpfe. Dazu nehmen Sie einen Bohrer mit deutlich größerem Durchmesser als dem des Nagelkopfes, da Sie noch Platz für einen kleinen Bolzen oder ähnliches brauchen, um den Nagel komplett einzuschlagen. Überstehende Klebereste müssen Sie sofort mit einem Lappen entfernen. Ist der Kleber getrocknet oder ausgehärtet, füllen Sie die Löcher über dem Nagelkopf mit Holzkitt. Den gibt es in kleinen Tuben farblich passend zu vielen Holzarten.

Nach erfolgter Reparatur schleifen Sie ein wenig an und setzen ein oder zwei Lackschichten darüber, damit kein Wasser eindringen kann – fertig.

Deck

Gräting im Cockpit

bis

Benötigtes Werkzeug und Material:
Bretter für Längs- und Querverlegung, Schrauben, Band-, Stich-, oder Kreissäge, Schleifpapier, Karton zur Schablonenherstellung, wasserfester Leim.

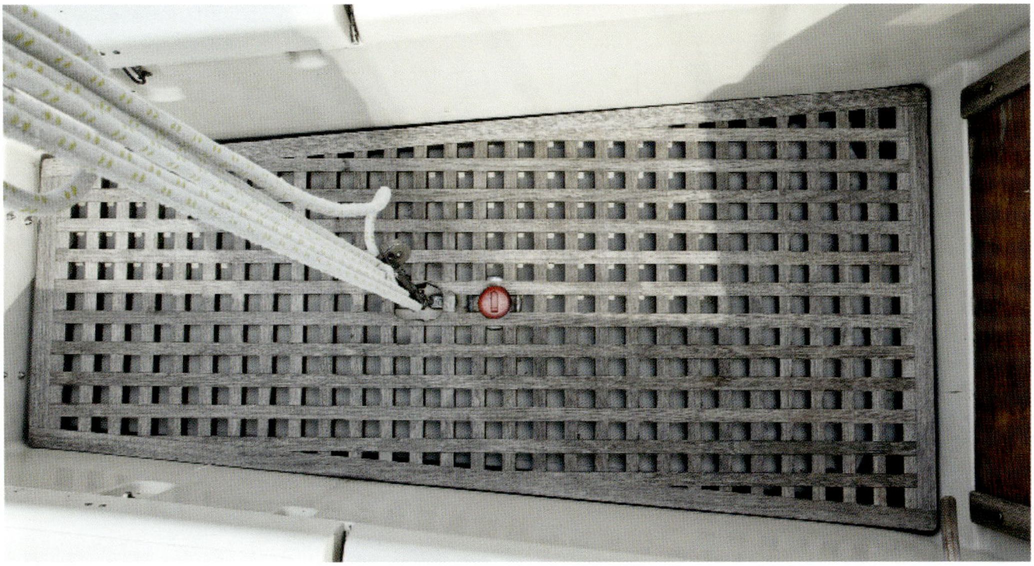

Eine Gräting ist eine Art Holzgitter, das zum Beispiel als Bodenbelag im Cockpit aufgelegt wird. Sie schützt den Boden davor, dass etwa kleine Steinchen oder verlorene Bruchstücke von irgendetwas in den GFK-Boden eingetreten werden, sie wertet das Boot optisch auf und gibt eine gute Fläche zum Stehen und Gehen ab.

Klassisch und edel ist die Würfelgräting, meist aus Teak, die andere Variante ist im Grunde nichts anderes, als ein auf den Boden gelegter Lattenzaun: Längsbretter, verbunden mit Querbrettern.

Eine Würfelgräting komplett selbst herzustellen ist zwar möglich, aber nicht anzuraten. Man macht es aus demselben Grund nicht, aus dem man sich auch keinen Löffel aus einem Stück Stahlblech schmiedet – es ist zu aufwendig. Die dutzendfache Verzahnung der Würfelgräting ist industriell gut herstellbar, für den durchschnittlichen Bootseigner bedeutet sie dagegen einen immensen Aufwand. Will man eine Würfelgräting haben, bestellt man sich entweder im Fachhandel ein Fertigprodukt nach Maß oder man kann halbfertige Teile bekommen, die man zuschneidet und dann zusammensetzt.

Sie bekommen ein Kernelement und einen Rahmen. Die breiten Rahmenbretter geben Ihnen die Möglichkeit, Anpassungen an die Cockpitbegrenzung vorzunehmen.

Wesentlich einfacher herzustellen ist die einfache Variante mit Längs- und Querbrettern.

Bevor eine der beiden Möglichkeiten realisiert werden kann, ist ein genauer Blick ins Cockpit notwendig. Sie müssen zunächst entscheiden, aus wieviel einzelnen Elementen Ihre Gräting bestehen soll. Einerseits ist es sinnvoll, möglichst wenige Elemente zu haben, andererseits müssen die auch ohne Mühe herausgenommen werden können, denn unter der Gräting sammelt sich Schmutz an – eine gelegentliche Reinigung sollte also möglich sein.

Nächste Frage: Haben Sie eine Motorraumabdeckung im Cockpit? Dann sollte sie von einem Grätingelement so abgedeckt werden können, dass man ein Element auch hochklappen kann, um an den Motor zu kommen. Wo sind Aussparungen nötig – etwa wegen der Befestigung des Schotblocks am Cockpitboden oder weil der Boden eingeformte Wölbungen hat, die berücksichtigt werden müssen?

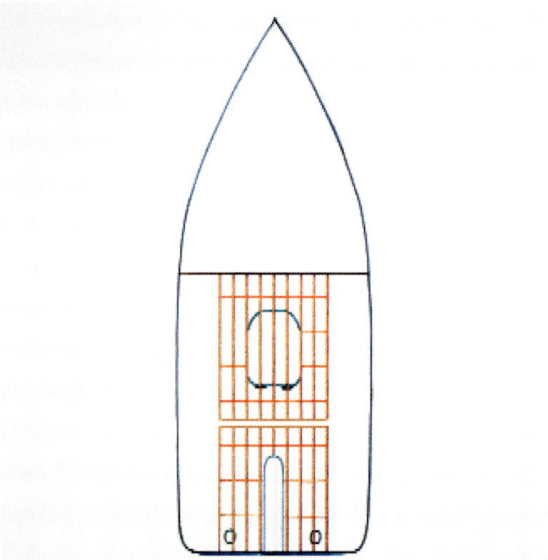

Vor dem Zuschneiden steht die Planung: Wie viele Elemente soll die Gräting haben? Lassen sie sich gut herausheben?

Kalkulieren Sie auch mit ein, dass die Gräting oder das Grätingteil beim Herausheben zum Beispiel nicht am Steuerrad hängenbleiben darf.

Bei der Planung von Variante zwei denken Sie am besten von außen nach innen: Zunächst bestimmen Sie die Rahmenbretter. Aus dem Platz, der dann nach innen noch übrig bleibt, können Sie sich leicht die benötigte Breite und Anzahl der Querbretter ermitteln.

Die Querbretter sollten so angebracht werden, dass sich dazwischen nichts durchbiegen kann, dass zum Beispiel ein Lenzloch im Cockpit nicht abgedeckt wird und dass sich beim Drauftreten nichts anhebt, egal, auf welcher Ecke Sie stehen.

Am einfachsten ist es, eine Schablone anzufertigen, auf der Sie in der Werkstatt mit Ruhe und Überlegung ein Bretterpuzzle auslegen und durchdenken können.

Das verwendete Holz sollte wetterfest und belastbar sein. Teak, Eiche oder anderes Holz bietet sich für die Verwendung außen an. Bei der Breite und Stärke der Bretter haben Sie eine relativ große Auswahl. Zur Orientierung: etwa 2,5 cm Stärke reichen aus. Bei der Breite können Sie Leisten von etwa 6 cm wählen oder Bretter um die 10 cm. Berücksichtigen Sie, dass die Gräting außen jeweils 0,5 cm Luft zur seitlichen Begrenzung haben soll.

Haben Sie sich am Ende für eine Konstruktion entschieden, legen Sie sie lose im Cockpit aus und überprüfen alles noch einmal. Dabei können Sie Bohrlöcher anzeichnen und die Bretter durchnummerieren, damit beim Zusammenschrauben nichts durcheinandergerät. Die Schraublöcher bohren Sie vor und arbeiten mit dem Versenker nach, denn auf der Trittfläche sollten am Ende keine Schraubenköpfe herausstehen. Achten Sie auf die Länge der Schrauben, die fertige Gräting soll schließlich nachher nicht Ihren Cockpitboden perforieren.

Das eigentliche Zusammenbauen ist kein Problem – die Bedingung für eine zufriedenstellende Arbeit liegt eher in der vorhergehenden Sorgfalt bei der Planung.

Meiner Ansicht nach nicht optimal gelöst: Die Gräting ist aus einem Stück. Will man sie herausheben, muss erst der Schotblock abgenommen werden. Das geht, ist aber umständlich.

Hier ist die Handhabung einfacher: Die Gräting besteht aus drei Elementen. Man kann sie bequem einzeln herausnehmen.

Rutschfesten Laufbelag herstellen

Benötigtes Werkzeug und Material:
Lack (1K oder 2K – beides geht), Pinsel, sauberer Quarzsand.

Die Technik ist so alt, dass sie schon wieder in Vergessenheit gerät – gleichwohl funktioniert sie ausgezeichnet. Die Idee ist es, Sand und Lack miteinander zu vermischen, um einen rutschfesten Belag aufstreichen zu können.

Bei der Vorgehensweise müssen Sie nicht viel beachten.

Grundsätzlich tragen Sie Antirutschlack erst dann auf, wenn der Untergrund bereits einen kompletten Lackaufbau hat.

Den Quarzsand waschen Sie vor der Verarbeitung in einem Eimer mit Wasser, indem Sie ihn mit den Händen darin kräftig durchrühren. Hat sich der Sand dann nach einiger Zeit abgesetzt, gießen Sie das Wasser soweit es geht ab. Die Reinigungsprozedur können Sie noch zwei- bis dreimal wiederholen, dann müssten Sie wirklich sauberen Sand erhalten.

Den Sand nun im Backofen gut durchtrocknen. Die Temperatur liegt bei 70 bis 80 Grad – sind es mehr, verfärbt sich der Sand. Es schadet nicht, wenn Sie den trockenen Sand mit einem Küchensieb durchsieben. Anschließend ist er fertig vorbereitet.

Nun kleben Sie die Fläche, die Sie mit rutschfestem Belag versehen wollen, gut mit glattem Kreppapier ab. Der Sand kommt in den Lack: etwa zwei bis drei Esslöffel auf eine 750 ml-Dose. Nun können Sie ihn verstreichen. Fertig.

Nehmen Sie das Kreppband wieder ab, solange der Lack noch feucht ist, damit Sie saubere Kanten bekommen und keine festsitzenden überlackierten Kreppreste Ihr Werk verunstalten.

Was kann hier schiefgehen?

Eigentlich nur eins: Der Sand setzt sich im Lack schnell auf dem Grund ab – deswegen müssen Sie ihn auch während der Verarbeitung immer gut durchrühren. Die Sache wird einfacher wenn Sie einen Helfer damit beschäftigen, ständig zu rühren, während Sie streichen.

Gläserhalter an der Steuersäule

Benötigtes Werkzeug und Material:
Zwei Frühstücksbrettchen aus Holz, ein gerundetes Edelstahlblech, 1 Rundholz, Lochsäge, Stichsäge, Schrauben, Schleifpapier, Lack und Pinsel oder Rolle.

Ein leicht nachzubauender Gläserhalter aus Frühstücksbrettern für eine runde Steuersäule. Die Lösung von Lutz Trauboth besticht durch ihren Charme. Man nimmt ein günstig zu bekommendes Allerweltsprodukt, um daraus nützliches Zubehör herzustellen. Trauboth hat die Halterung für seine Delanta 80 angefertigt – sie lässt sich aber mit Anpassungen ohne weiteres auf andere Boote mit Steuersäule übertragen. Das Allerweltsprodukt sind Frühstücksbrettchen. Das Edelstahlblech lässt man sich am saubersten von einem Metallschlosser zurechtbiegen, ebenso kann er die schlüssellochähnliche Aufnahme im Blech herstellen. Für die genaue Form fertigt man am besten eine Schablone aus starker Pappe an. Wer keine Möglichkeit hat, ein Edelstahlblech rundwalzen zu lassen, kann die Konstruktion an dieser Stelle auch durch Holzstege ersetzen und an der Stelle, wo das Schlüsselloch ist, ein schmales Blech aus Alu oder Edelstahl einsetzen.

Die runde Aussparung für die Anpassung an die Steuersäule zeichnen Sie von der Schablone auf die Brettchen. Dann bearbeiten Sie diese mit der Stichsäge.

Bevor Sie mit der Lochsäge die Kreise ausschneiden, sollten Sie mit Zirkel und Bleistift vorarbeiten, um Unregelmäßigkeiten zu vermeiden, denn die Halterung gewinnt ihren ästhetischen Reiz durch die genau gesetzten Löcher. Anstelle eines Zirkels können Sie auch einen Bleistift nehmen, der per Bindfaden mit einem Nägelchen in der Mitte des Brettchens verbunden ist. Das machen Sie am besten, solange das Brett noch kreisrund ist. So legen Sie den Kreisbogen fest, auf dem sich die jeweiligen Mittelpunkte der Löcher für die Gläser befinden sollen.

Nun teilen Sie Ihren Kreis in Segmente auf, die wie Kuchenstücke aussehen sollten. Auf diese Weise haben Sie genügend Punkte, um die Position der Löcher für die Gläser genau festzulegen.

Die Schraublöcher für die Verbindung mit dem Blech und für den Steg zum Stabilisieren sollten Sie vorbohren.

Durchmesser der Teakbretter ca. 250 mm
Durchmesser der Löcher 66 mm
Abstand zwischen den Brettern 55 mm

Die Bilder sind selbsterklärend. In Fahrt ist der Halter für Bierdosen nicht geeignet, weil durch das Blech der Kompass abgelenkt wird. Mit (Plastik-) Gläsern besteht das Problem nicht.

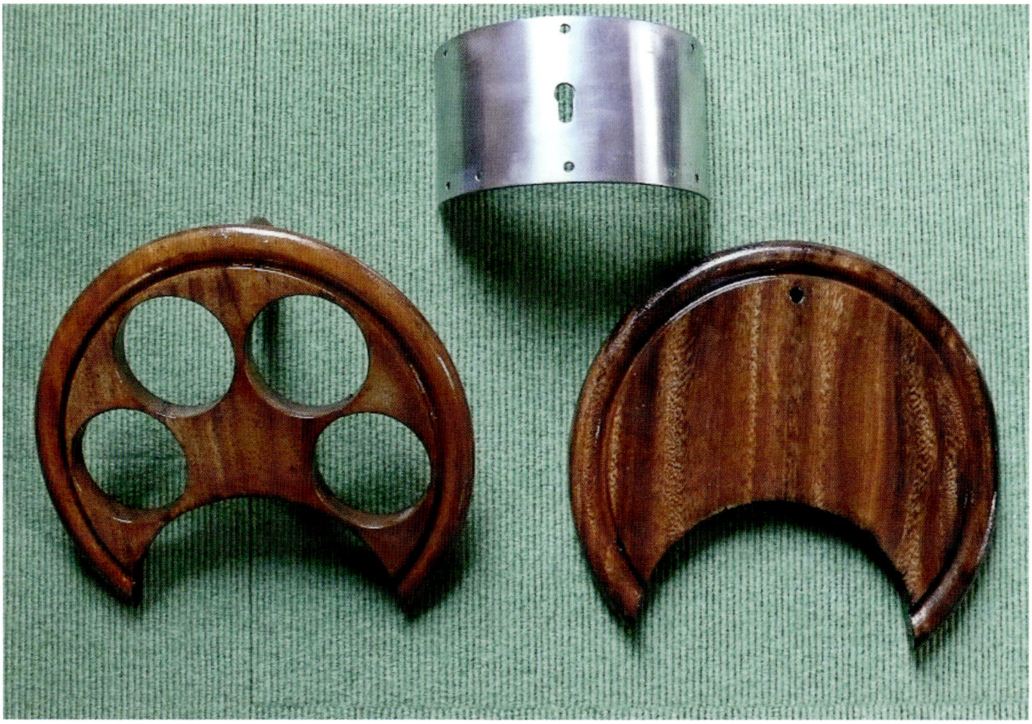

Leiste einsetzen...

...wenn es nicht so darauf ankommt

Benötigtes Werkzeug und Material:
Säge, Holzleiste, Schrauben und Muttern zum Befestigen, Bohrer, Dichtmittel, Winkelschleifer (Flex) mit Schleifteller und Schleifscheiben der Körnung 60 oder 80 bis 120, Schleifpapier von feinerer Körnung für den Abschluss.

Eine Leiste kann an vielen Stellen eingesetzt werden, entsprechend ist die hier geschilderte Aufgabe eher beispielhaft zu sehen. Es geht um eine schon betagte Jolle, deren Leiste am Spiegel weggerottet ist, und die nun ersetzt werden musste. Dabei ging es im wesentlichen um die Wiederherstellung der Funktion – die Optik war zweitrangig.

Die Leiste selbst kann aus einem genügend großen Stück Restholz bestehen – das sollte aber einigermaßen witterungsbeständig sein.

In diesem Beispiel werden keine allzu hohen Ansprüche an die Passgenauigkeit gestellt – deswegen ist die Aufgabe gut geeignet, sich an das Einsetzen von Holzteilen heranzutasten. Die Leiste wird später mit Dichtmasse an den Spiegel geklebt und zusätzlich verbolzt. Ob sie dabei eine leicht andere Rundung als das Originalteil hat, ist im Grunde nicht so wichtig – solange die Ruderpinne sich nachher einwandfrei bewegen lässt. Trotzdem macht das Ergebnis mehr Freude, wenn Sie etwa die Rundung zum Süllrand hin so genau ausschleifen, dass die Dichtmasse nicht gleich zentimeterstark als Ausgleich herhalten muss.

Sie können sich eine Schablone zeichnen, die Sie dann als Vorlage nehmen, um eine schon weitgehend passgenaue Leiste auszusägen.

Übertragen Sie dabei auch die Position von Beschlägen, damit Sie nachher nicht rätseln müssen.

Die Rundung am oberen Teil der Leiste können Sie gut mit der Flex bearbeiten; die Maschine empfiehlt sich zwar nicht unbedingt für feinchirurgische Eingriffe an Intarsienarbeiten, aber sie lässt sich mit ein wenig Übung überraschend gefühlvoll führen und schafft gleichzeitig ordentlich Material weg.

Innenradien sind mit ihr dagegen deutlich schwieriger zu bearbeiten. Der Anschluss an den Süllrand lässt sich besser per Hand schleifen.

Sobald Sie die Leiste angepasst haben, können Sie sie mit Dichtmasse bestreichen, ansetzen und mit Schraubzwingen fixieren. Schrauben Sie die Zwingen dabei eher »handwarm« an. Sind sie zu fest, quillt Dichtmasse unnötigerweise heraus.

Anschließend bleibt noch die Bohrung für die Schrauben. Setzen Sie die mit ein wenig Dichtmasse ein, damit kein Wasser in Holz und GFK dringt und schrauben Sie sie erst dann richtig fest, wenn die Dichtmasse ausgehärtet ist.

Was kann hier schiefgehen?

Wer selten mit einem Winkelschleifer arbeitet, produziert die eine oder andere Macke. Auch Schleifriefen können entstehen. Die vermeiden Sie am ehesten, wenn Sie die Maschine zügig aber mit nicht zu viel Druck ansetzen.

Die Flex wird leicht schräg angesetzt – und reibt dann ordentlich Material weg ...

Leiste einsetzen …

… wenn es genau sein muss

Benötigtes Werkzeug und Material:
Säge, Holzleiste, Hobel (Elektro- oder Handhobel), Schleifpapier für den Abschluss.

Die zuvor angeführte Methode empfiehlt sich nur für den Fall, dass die neue Leiste nicht allzu genau gearbeitet sein muss. Oft genug kommt es aber vor, dass die Ansprüche an die Genauigkeit ziemlich hoch sind. In unserem Beispiel, dem Neubau eines Schwertkastens, ist das der Fall.

Dafür ist der Winkelschleifer dann doch zu grob: Hier kommt der Hobel zum Einsatz.

Eine gute Voraussetzung ist es, wenn Sie das alte, auszutauschende Stück noch haben – es dient als Musterstück.

Die neue Leiste sägen Sie so genau es geht vor, dann spannen Sie sie zusammen mit dem Musterstück mittels zweier oder mehrerer Schraubzwingen ein. Die nun folgende Arbeit erfordert eine gewisse Geduld und Zähigkeit.

Die Arbeitsgänge: Sachte hobeln und zwischendurch das Stück immer wieder probeweise dort einsetzen, wo es hin soll. Hier geht es um Millimeter und um Sorgfalt. Ein sehr zeitraubender Teil der Aufgabe besteht darin, das Arbeitsstück regelmäßig anzusetzen und genau zu beobachten, ob es passt, oder ob man dabei ist, an einer Stelle zu viel Material abzutragen.

Was hier schiefgehen kann:
Das größte Problem ist mangelnde Geduld. Hat man einmal zu viel Holz weggehobelt, ist die Leiste hin. Deswegen immer wieder das Stück nehmen und ansetzen.

Feinarbeit mit dem Hobel.

Lieber einmal zu oft anpassen als einmal zu wenig.

Holzmast

Baum sanieren

bis

Benötigtes Werkzeug und Material:
Schleifpapier in den Körnungen 80, 120, 180, 240, 320. Schraubendreher, Zange oder Kombizange, gute Pinsel, Klarlack, dazu passende Verdünnung. Unter Umständen Ersatz für alte, abgedrehte oder verschlissene Schrauben, Muttern etc.

Das Holz ist noch gut – aber äußerlich angegriffen. Abhilfe tut not.

Holz auf Booten ist ständig der Witterung ausgesetzt. Sonne und Wasser arbeiten beständig daran, die Verbindung von schützendem Lack und Holz zu trennen, um anschließend das schöne Holz geduldig zernagen zu können.

Ein wesentlicher Teil der Arbeit, die man zu erledigen hat, besteht darin, den Kampf gegen die Verwitterung nicht zu verlieren.

Das zu erreichen ist im Grunde einfach. Der Unterschied zwischen Misserfolg, Teilerfolg und vollem Erfolg liegt zu einem sehr großen Teil darin, die nötigen Einzelschritte sorgfältig auszuführen. Wenn Sie das beherzigen, bekommen Sie ein gutes bis sehr gutes, aber wahrscheinlich kein perfektes Ergebnis. Das liegt vor allem daran, dass die wenigsten Bootsbesitzer über eine staubfreie Lackierhalle verfügen. Wer die Arbeiten in einem Schuppen, einer leeren Garage oder ähnlichem ausführt, muss damit leben, dass sich Staubteilchen oder kleine Insekten auf eine frische Lackschicht legen und darin verewigt werden.

Die Einzelschritte sind:

- Die Beschläge abschrauben.
- Den alten Lack ab- oder anschleifen, je nach Zustand und gewünschtem Ergebnis.
- Feinschleifen in zwei Schritten.
- Lackauftrag mit Zwischenschliffen.
- Beschläge reinigen.
- Beschläge wieder anbringen.

Wenn Sie den Gedanken haben, um die Beschläge herumzuschleifen: Vergessen Sie das. Es ist Pfusch – und dazu noch unnötig mühselig, denn die Ränder zu den Beschlägen sind so nur schwer sauber zu schleifen. Außerdem entgeht Ihnen dann vielleicht, dass der eine oder andere Beschlag nur noch an zwei festsitzenden Schrauben hängt, während die restlichen drei oder vier Schrauben gerade noch vom Altlack gehalten werden.

Sie ersparen sich unnötige Arbeit und Grübelei, wenn Sie die Position der Beschläge vor dem Abmontieren fotografieren – und zwar von oben bis unten und von vorne bis hinten.

Beim Abschrauben der Beschläge werden Sie immer mal wieder Ärger mit abgedrehten Schraubenköpfen haben. Gehen Sie beim Abschrauben gefühlvoll zu Werke – und nicht gleich mit der vollen Drehkraft Ihres Akkuschraubers.

Versuchen Sie, im Holz steckende Reste abgedrehter Schrauben komplett zu entfernen – auch wenn das mühevoll ist und eine einzige Schraube schon mal eine halbe Stunde kosten kann.

Bei dem hier fotografierten Baum habe ich mich dafür entschieden, den alten Lack komplett abzu-

Zunächst alles abbauen, was stört.

schleifen. Angefangen habe ich in diesem Fall mit 80er Schleifpapier – das entfernte ordentlich alten Lack, zerstörte aber nicht zu viel gesundes Holz. Allerdings kann man die Operation nicht beliebig oft wiederholen, da trotzdem nicht unerheblich Material abgetragen wird. Hat man den Baum am Ende grundlegend wiederhergestellt, ist es für die Zukunft besser, ihn zeitig zu überarbeiten – dann reicht einfaches anschleifen.

Die Schleifarbeiten sind schweißtreibend und langwierig – hier legen Sie mit der erwähnten Sorgfalt und Geduld einen Grundstein zu einem späteren schönen Lackbild.

Lagern Sie Ihr Arbeitsstück von vorneherein auf ein paar Böcken, sodass Sie eine gute Arbeitshöhe haben. Improvisiertes Lagern irgendwo in Kniehöhe zermürbt schnell die Arbeitsmoral. Polstern Sie das Holz da ab, wo es auf den Böcken aufliegt. Ich hat-

Schön dumm: Eine ungepolsterte Auflage sorgt für Macken im Holz.

te das bei diesem Baum anfangs nicht getan – das Ergebnis sind ein paar sehr ärgerliche Macken durch die Krafteinwirkung.

Sie werden beim Schleifen zwei Beobachtungen machen können. Die erste: Es ist anstrengender, ein rundes Stück Holz mit kleinem Radius sauber abzuschleifen als eine plane Fläche. Achten Sie gut darauf, dass das Rundstück rund bleibt und nicht zu einem unregelmäßigen Achteck geschliffen wird. Sie werden Stellen vorfinden, die sich geradezu spielerisch leicht und schnell bearbeiten lassen – und anderswo ist der Altlack hartnäckig wie eine Panzerung. Das gilt besonders für die Stellen, die unter den Beschlägen lagen.

Die zweite Beobachtung: Wenn Sie auf angegraute Stellen stoßen, müssen Sie entscheiden, wie Sie damit umgehen wollen. Sie können die Stellen ausschleifen – dann haben Sie eine Delle. Manchmal bleibt einem nichts anderes übrig, als das in Kauf zu nehmen. Mildern Sie die Delle ab, indem Sie einen sanften Übergang zur Umgebung schaffen.

Die Alternative besteht darin, den grauen Fleck einen grauen Fleck sein zu lassen. Ich halte es für einen vertretbaren Standpunkt, wenn der Eigner sagt »ein altes Boot ist ein altes Boot, und das kann man ruhig auch sehen«. Die grauen Stellen sind später im Klarlack dunkel bis schwarz.

Nach dem groben Abtragen folgt ein Feinschliff – zwei Schritte sollten es schon sein. In diesem Fall habe ich mit 120er Papier und danach mit 180er Papier nachgearbeitet. Perfektionisten gehen mit noch feinerem Schleifmittel weiter. Nach jedem Schleifen habe ich das rohe Holz mit einem mit Verdünnung angefeuchteten Tuch von Schleifstaub befreit.

Der erste Lackauftrag erfolgt verdünnt – je nach Lack (achten Sie auf die Verarbeitungshinweise) setzt man etwa 15 bis 40 % Verdünnung hinzu. Ich messe die Menge übrigens nach der Methode »Pi mal Daumen plus Tagestemperatur« ab – aber ungefähr sollte die Mischung schon stimmen. Mit dem Verstreichen dieser ersten Schicht ist Ihr Arbeitstag beendet, da sie gut trockenen muss. Danach kommt ein leichter Anschliff mit dem nächstfeineren Papier (der Abstand der Körnung von einem Schleifpapier zum nächsten sollte etwa bei 40 liegen) und ein neuer Lackauftrag, weniger verdünnt. Beim Aufschichten von Klarlack ist es sehr wichtig, ihn so dünn wie möglich aufzutragen. Das ist der zweite Grundstein für ein schönes Lackbild.

Wieviele Schichten es insgesamt sein sollten, ist eine Glaubensfrage. Manch einer begnügt sich mit drei Schichten, wobei die letzte unverdünnt aufgetragen wird. Es gibt aber auch Eigner, für die so ein Stück Holz erst nach acht Schichten fertig lackiert ist. Das bringt eine enorme Tiefe, wirkt aber auch so, als sei das Teil in Bernstein eingefasst. Ich habe mich für vier Schichten entschieden. Letztlich ist es Geschmackssache.

Jetzt sollten Sie die Beschläge noch von alten Lackresten reinigen und wieder anbringen. Es lohnt sich, hier neue Schrauben zu verwenden.

Typische Fehler die man bei dieser Aufgabe machen kann:

- Nicht entfernte abgescherte Schraubenreste: Wo noch Schraubenreste im Holz sitzen, kann man keine neue Schrauben einsetzen.
- Schleifpapier zu grob gewählt (40er-Papier hat mehr mit Zerstörung als mit Schleifen zu tun …)
- Unsichere Lagerung auf Böcken, da beim Drehen und Wenden der Baum herunterfällt.
- Ungepolsterte Lagerung des Arbeitsstückes führt zu Macken

Ausschleifen oder lassen?

Ausschleifen und eine Delle akzeptieren …

- Lackschichten zu dick aufgetragen – man muss anschließend Lacktränen wieder wegschleifen.
- Schlechte Beleuchtung: Man sieht beim zweiten oder dritten Lackauftrag nicht mehr, wo man schon gestrichen hat, und bekommt ein unregelmäßiges Lackbild.
- Lackieren direkt nach dem Schleifen – es ist noch zu viel Holzstaub in der Luft, der sich dann auf den frischen Lack legt.

Der alte Lack ist ab, der neue kann aufgetragen werden.

Der fertig sanierte Baum kann sich sehen lassen.

Handläufe

Sanieren (hier: ölen)

bis

Benötigtes Werkzeug und Material:
Schleifpapier in den Körnungen 80 bis 240 (oder bei hohen Ansprüchen an das Erscheinungsbild bis 320). Kleineres Schleifgerät (Dreieckschleifer oder ähnliches), Holzöl, Pinsel, mehrere fusselfreie Lappen.

Es gibt viele Eigner, die ihre Handläufe ölen und nicht lackieren. Die häufigste Begründung ist, dass die Lackierung durch ständiges Greifen schneller leidet als anderswo. Die grundsätzlichen Vor- und Nachteile habe ich weiter vorne (»Ölen oder Lackieren?«) beschrieben. Ein wesentlicher Vorteil ist, dass Sie problemlos nachölen können, wenn die Holzoberfläche im Lauf der Zeit gelitten hat.

Dieses Kapitel gilt natürlich genauso, wenn Sie etwas anderes als einen Handlauf ölen wollen, das können etwa die Trittstufen der Badeleiter sein.

Zwei Dinge gibt es zu beachten: Wenn Ihr Werkstück vorher lackiert war, muss der Lack restlos heruntergeschliffen werden.

Wenn Ihr Werkstück später mit Dichtmaterial eingedichtet werden soll, dann sparen Sie diese Stellen beim Ölen aus – ansonsten verschlechtert sich die Haftfähigkeit der Dichtmasse. Sie können das dann nach dem Einbau nacharbeiten.

Ansonsten ist die Sache relativ einfach zu erledigen: Sie schleifen das Holz sauber – vor allem graue Stellen sollte man bei Massivholz gut ausschleifen. Beginnen Sie mit 80er-Körnung und verfeinern Sie das Schleifbild in 40er-Schritten bis 240.

Wenn Schleifen und Lackieren in einem Raum stattfinden, lege ich außerdem eine gehörige Wartezeit ein, damit sich der Schleifstaub in der Luft le-

Das abgeschliffene Holz bekommt die erste Ölung …

… und das Ergebnis nach der zweiten.

gen kann. Um später eine schöne Oberfläche zu bekommen, müssen Sie jetzt mit einem Baumwolltuch den Holzstaub abwischen.

Das Öl sollte nicht zu kalt sein. Je kälter es ist, desto dickflüssiger wird das Öl. Das soll aber ins Holz einziehen, also haben wir ein Interesse daran, dass es möglich tief eindringen kann. Je nach Holzart kriecht das Öl ein bis mehrere Millimeter tief ein – mehr nicht.

Die erste von insgesamt 2-3 Schichten wird relativ großzügig aufgestrichen. Wer nachher ein schönes Stück geöltes Holz haben möchte, macht sich übrigens besser vorher Gedanken darüber, wie und wo das frisch gestrichene Stück zum Trocknen abgelegt wird.

Sie kommen nicht umhin, das Holz beim Streichen anzufassen. Machen Sie das nur mit einem Tuch, sonst gibt es später sichtbare Störungen im Erscheinungsbild.

Nach dem Erstanstrich wischen Sie überschüssiges Öl gut ab. Bei der Trocknungsphase halten Sie sich an die Empfehlungen des Herstellers.

Es kann sein, dass Sie nach dem Erstanstrich noch einmal feinschleifen müssen. Ihr empfindlichstes Messinstrument dafür sind Ihre Fingerspitzen. Fühlt sich die Oberfläche rauh an, dann haben sich Holzfasern aufgestellt – und die müssen noch einmal weg.

Der Zweit- und Drittanstrich erfolgt mit weniger Öl.

So erhalten Sie auf relativ einfachem Weg eine schöne Oberfläche. Die Handläufe in meinem Beispiel sollen mit Dichtmasse wieder am Kajütdach befestigt werden. Die Kontaktfläche wird nicht mit Öl behandelt. Damit an der Grenze kein Wasser eindringen kann, wird dort später nachbehandelt.

Typische Fehler, die hier passieren können:

- Öl nicht abgewischt – nach dem Aushärten sind diese Stellen leicht klebrig. Sie vermeiden das, indem Sie vorher gründlich überschüssiges Öl abwischen.
- Benutzen Sie Handschuhe, das frische Öl ist nicht gut für die Haut. Ist das Öl ausgehärtet, ist es dagegen gut hautverträglich.
- Achtung: Ölgetränkte Lappen können sich stark erwärmen bis hin zur Selbstentzündung. Lagern Sie sie in einer Blechdose in guter Entfernung von allem was sich entzünden kann.
  Alternativ kann man sie nach Gebrauch in Wasser tauchen.

Handläufe

Neu anbringen

Sie bekommen fix und fertige Handläufe im Fachhandel. Es gibt keinen Grund, sie selbst aus dem Vollen zu arbeiten. Sollen die neuen Handläufe nur alte ersetzen dann achten Sie darauf, dass die Sockel möglichst im gleichen Abstand zueinander sind. Auf diese Weise können Sie die vorhandenen Durchbrüche im Kajütdach wieder nutzen. Falls das nicht geht oder wenn Sie vorher gar keine Handläufe hatten, ist ein bisschen Messarbeit nötig. Es geht vor allem darum, sicherzustellen, dass Sie nachher überall dort gut herankommen, wo eine Verschraubung vom Salon aus nach oben zum Handlaufsockel nötig ist – oft genug ist ein unzugängliches Schapp oder sonst eine der Einbauten im Weg.

Außerdem sollten Sie die Beschaffenheit Ihres Kajütdaches kennen. Ist es aus Holz oder Massivlaminat, dann ist die Verschraubung einfach: Am Sockel dünn vorbohren, am Kajütdach von oben vorbohren und von unten verschrauben. Wenn Ihr Salon eine Innenverkleidung hat, bleibt es Ihnen nicht erspart, die vorher abzunehmen. Die Ränder des Sockels werden mit Dichtmasse versehen. Ziehen Sie die Schrauben erst einmal nur »handwarm« an, bis die Dichtmasse ausgehärtet ist, erst danach werden sie festgezogen. Achten Sie darauf, dass die Schraubenköpfe breit genug sind, um dem Sockel genügend Halt zu bieten. Man muss sich darauf verlassen können, dass ein Handlauf nicht aus der Halterung reißt, wenn man sich daran festhält. Im Zweifelsfall setzen Sie innen eine Platte aus VA-Stahl oder ein stabiles Brettchen aus Holz an – so wird die Kraft gleichmäßiger auf das Material verteilt.

Das sollten Sie in jedem Fall tun, wenn Ihr Dach aus Sandwichlaminat besteht – der Kern ist dann aus Schaum oder aus Balsaholz. Hier besteht die Gefahr, dass das Sandwich gequetscht wird, ohne dass dadurch mehr Haltekraft entsteht. Die VA-Platte (oder das Holzbrett) stellt sicher, dass nicht zu viel Kraft auf eine verhältnismäßig kleine Fläche wirkt.

Steckschott/ Niedergangsschott

bis

Benötigtes Werkzeug und Material:
Bretter in passender Größe (Massiv- oder Sperrholz). Kreissäge, Bandsäge, Schleifgerät, Schleifpapier, Lack.

So ein Steckschott führt häufig ein wenig beachtetes Dasein. Es kann aber auch – wie hier auf dem Bild – ein echter Blickfang auf dem Boot sein. Die meisten Steckschotts haben einfache Formen – die Arbeit, ein neues herzustellen, ist nicht sehr aufwendig.

Die Arbeitsschritte:

1. Form und Größe ausmessen oder mit einer Schablone abnehmen, je nachdem, wie komplex die Form ist.
2. Die Maße oder die Schablone auf die Bretter übertragen.
3. Aussägen, glatt schleifen und lackieren.

In aller Regel sind die Schottteile trapezförmig, manchmal auch schlicht rechteckig. Die Gestaltung, die auf dem Foto zu sehen ist, kann da schon als extravagant gelten.

Zunächst müssen Sie entscheiden, ob Sie ein vorhandenes Schott sanieren, oder gleich ein neues anfertigen wollen. Wenn man sich einmal an die Arbeit macht, bringt das Neuanfertigen in vielen Fällen das schönere Ergebnis.

Sanieren

Kommen Sie zu dem Schluss, dass es ausreicht, ein vorhandenes Steckschott zu sanieren, dann besteht die Arbeit im Wesentlichen darin, alte Farbe und graue Stellen abzuschleifen und eine neue Lackierung aufzubringen.

Untersuchen Sie vor allem die Kanten darauf, ob hier Holz rott geworden ist. Schleifen Sie mit 80er Papier vor, mit 120er nach. Wie fein man dann Folgeschliffe macht, ist immer auch abhängig davon, welche Ansprüche man später an die Optik stellt – je feiner sie werden, desto besser. Ich höre meist bei Körnungen so um 320 auf und beginne dann mit der ersten Lackschicht.

Hierbei hat es sich bewährt, vor jedem Lackauftrag die Holzoberfläche mit einem Lappen zu säubern, um möglichst viel Schleifstaub zu entfernen. Die erste Lackierung kann man verdünnen – die Lackhersteller liefern hier die für ihre Produkte passenden Angaben zum Verdünnungsverhältnis mit. Nachdem der Lack getrocknet ist, ist ein leichter Zwischenschliff wichtig, um kleine Holzteilchen zu entfernen, die sich aufgestellt haben. Außerdem ebnen Sie so ein, was sich in der Trocknungsphase an Staubteilchen und Kleininsekten auf dem frischen Lack verewigen wollte.

Mit insgesamt mindestens drei Lackschichten haben Sie schon ein ordentliches Ergebnis; es können auch mehr werden – das bringt den von manchen erwünschten Tiefenglanz. Sie werden immer unterschiedliche Angaben dazu hören, wie viele Schichten es denn nun sein sollen. Ein guter Mittelwert ist es, fünf Lackschichten aufzubringen. Wann immer es sich anbietet, verwende ich eine Rolle zum Lackieren. Die einzelne Schicht ist gerollt dünner als beim Pinseln, aber der Auftrag ist gleichmäßiger.

Neu anfertigen

Wenn Sie ein neues Steckschott anfertigen, werden Sie in aller Regel das alte noch haben. Wenn nicht, ist das auch nicht schlimm. Eine sarkophagähnliche Form, wie auf dem Eingangsbild zu diesem Kapitel, ist eher die Ausnahme, simple Formen sind die Regel. Sie brauchen die Stärke der benötigten Bretter, damit sie sauber in den Rahmen geführt werden können, die Breite und die Höhe. Sperrholzbretter sind eine gute Wahl, da sie weniger arbeiten als Massivholz. Machen Sie sich vorher Gedanken über die Aufteilung: Drei Steckelemente sind gängig, allerdings hindert Sie niemand daran, ein Schott zu bauen, das nur aus zwei Elementen besteht. Auch für vier Elemente lässt sich eine Begründung finden. So kann man einen schmaleren Lüftungsschlitz realisieren – drei Elemente sind eingesteckt, wenn Sie abends in der Kajüte sitzen, eines nicht.

Die Kriterien sind: Wie gut lassen sich die Einzelelemente handhaben und verstauen, wenn sie nicht gebraucht werden? Es lohnt sich besonders, über die Staumöglichkeiten nachzudenken, denn die Schottbretter müssen nicht unbedingt im Salon herumfliegen, wenn der Niedergang offen bleiben soll.

Das Zusägen der Elemente ist auch für Anfänger unproblematisch. Eine Kreissäge sorgt für einen sauberen Schnitt. Kniffliger sind zwei Punkte: Am oberen Element werden Sie ein Schloss anbauen wollen. Und: Die einzelnen Bretter sollten nicht einfach auf Stoß sitzen, denn dann würde Regenwasser ins Innere laufen können. Um das zu verhindern haben Sie zwei Möglichkeiten. Sie bauen entweder Leisten an die Stoßkanten, die dem Wasser den Weg versperren. Die Leisten können innen oder außen angebracht werden, wobei es Innen einfacher ist, sie jeweils am unteren Teil anzuschrauben und zu leimen, damit sie dort fest verbunden sind, und Wasser nicht nach innen dringen kann. Bringen Sie die Leisten auf der Cockpitseite an, sollten sie wie Dachschindeln sitzen – also oben fest. Diese Lösung ist einfacher aber auch nicht ganz so elegant. Die zweite Möglichkeit ist, eine Falz in das Brett zu fräsen.

Das dafür nötige Werkzeug hat nicht jeder. Ein Schreiner kann Ihnen das problemlos und in ein paar Minuten abnehmen.

An dieser Stelle kann sich ein Denkfehler beim Messen einschleichen: Die Gesamthöhe der drei Schottelemente übereinander wird durch die Falz verringert – rechnen Sie also den nötigen Überstand mit ein.

Die Lage des Schlosses ist durch die Nut am Niedergangsluk vorgegeben, in die der Riegel einschnappt. Wenn Sie das alte Schloss an Ihrem neuen Schott verbauen wollen, werden Sie nicht allzu viele Schwierigkeiten haben, da sich die Maße ja nicht ändern. Stecken Sie Ihre zugesägten Schottbretter in den Rahmen, zeichnen Sie von innen die Lage des Schlosses an und markieren Sie den Punkt

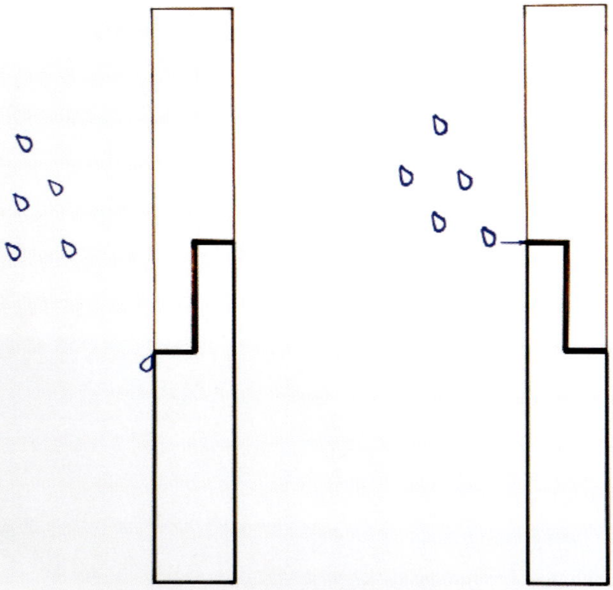

Auf der linken Seite ist die Falz so angebracht, dass Regenwasser nicht eindringen kann. Die rechte Seite zeigt die ungeschicktere Art, die Falz zu setzen.

für die Bohrung des Schlüsselloches. Bei einem neuen Schloss kontrollieren Sie vorher, ob der Riegel auch in die Nut passt – falls nicht, können Sie dünne Sperrholzbrettchen anleimen, bis es passt.

Was kann hier schiefgehen?

- Sie haben ein neues Schloss mit zu großer Einbautiefe gekauft. Wenn es einmal da ist, können Sie unter Umständen eine Aussparung am oberen Schottbrett fräsen (lassen), um den Unterschied auszugleichen. Das setzt aber voraus, dass der Schottbrett selbst stark genug ist. Anderenfalls ist es einfacher, ein passendes Schloss neu zu besorgen. Es gibt sie in allen denkbaren Variationen. Neben der Einbautiefe müssen auch Stärke, Breite und Höhe des Sperrriegels passend sein.
- Das Schott sitzt zu knapp im Rahmen: Schleifen Sie gefühlvoll etwas an den Seitenrändern ab und bedenken Sie vorher, dass auch die Lackierung etwas aufträgt.
- Die Elemente sind zusammen nicht hoch genug: Dann haben Sie den Verlust durch die Falz außer acht gelassen – hier müssten Sie ein Schottelement neu bauen.

Lüftungsgitter am Schott

Benötigtes Werkzeug und Material:
Schottbrett, Stichsäge oder Lochsäge (je nach Größe und Form des geplanten Ausschnitts), Schleifpapier, Lüftungsbleche, eventuell Fliegengitter, Dichtmasse.

Ein Boot sollte immer gut durchlüftet sein. Vor allem Eigner kleiner Boote müssen sich ständig mit Feuchtigkeit im Boot auseinandersetzen. Häufig haben sie die kleinen schraubbaren Pilzlüfter nachgerüstet – und dabei festgestellt, dass deren Effektivität frustrierend gering ist. Das liegt zum einen daran, dass konstruktionsbedingt die Luft am Pilzlüfter eher vorbeirauscht anstatt durch ihn hindurch. Dadurch entsteht gelegentlich der Eindruck, dass die Dinger eigentlich zu nichts anderem zu gebrauchen sind, als im aufgeschraubten Zustand die Fockschot zu fangen und einzuklemmen. Zum anderen fehlt aber eine weitere Luftöffnung im Boot, die für einen gewissen – möglichst regelbaren – Durchzug sorgen kann. Diese Luftöffnung können Sie am Schott schaffen. Es gibt Lüftungsgitter in verschiedenen Ausführungen. Ganz gut brauchbar sind diejenigen, die gleichzeitig verhindern, dass Regenwasser eindringen kann. Alternativ kann man sich für verschließbare Rundlüfter entscheiden.

Beide können Sie rund und eckig erwerben – auf die Lüftung hat das keinen wesentlichen Einfluss, und man kann die Wahl nach optischen Gesichtspunkten treffen.

Bei einem Rundlüfter müssen Sie lediglich ein genügend großes Loch sägen und sauber schleifen. Sie können das Blech dann mit einer Dichtspur am äußeren Rand aufsetzen und anschrauben.

Ein Gitter in rechteckiger Ausführung kann schon recht groß sein. Hier empfiehlt es sich, statt eines großen Ausschnitts eine Reihe von Bohrungen anzubringen. Auch das ist nicht wirklich

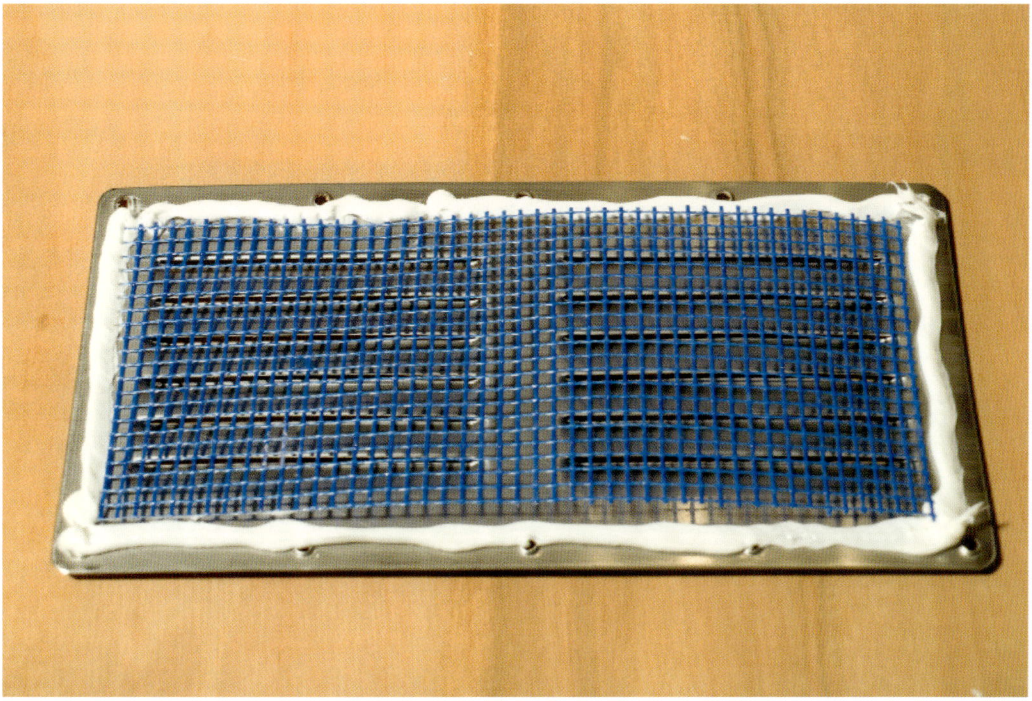

Pfiffiger Zusatz: ein eingelegtes Fliegengitter gegen ungebetene Gäste.

schwierig. Zeichnen Sie mit Bleistift ein Gittermuster auf das Schottbrett – dessen Kreuzungspunkte sind die Markierungen für die Bohrlöcher. Achten Sie lediglich darauf, die Löcher mit einem Bohrer zu durchbohren, der einen deutlich kleineren Durchmesser hat, als das angestrebte Ergebnis, da dort, wo der Bohrer austritt, das Material gerne ausreißt. Haben Sie mit einem kleinen Bohrer vorgearbeitet, dann können Sie anschließend mit einem größeren Bohrer den endgültigen Durchmesser angehen – und zwar so, dass Sie jeweils von beiden Seiten bis etwa zur Mitte bohren. So vermeiden Sie ausgefranste Lochränder.

Bevor Sie das Lüftungsgitter mit Dichtmasse verfeinern und anschrauben, können Sie noch ein Fliegengitter mit einlegen.

Der Aufwand ist gering, die Durchlüftung des Bootes deutlich besser.

Instrumentenbrett – Steckschott für Instrumente auf Kleinbooten

Vor allem für Eigner kleinerer Boote bietet es sich an, ein zusätzliches Schottbrett zu fertigen, in dem zwei oder drei wichtige Tochteranzeigen etwa Lot, Logge und Kompass sind. Dieses Brett wird dann bei Bedarf während der Fahrt eingesteckt.

Sie übernehmen die Maße des untersten Schottbrettes, um ein Duplikat zu bauen. Für die Instrumentenanzeige liefern die Hersteller meist Schablonen mit, sodass die Rahmen relativ leicht ausgesägt werden können. Zeichnen Sie die Umrisse an und bohren Sie an den Eckpunkten Löcher, damit Sie Platz haben, ein Stichsägeblatt einzutauchen und zu drehen. Schleifen Sie die Kanten sauber, lackieren Sie das Brett und die Anzeige kann eingebaut werden. Um Kabelsalat zu vermeiden, über den man vielleicht stolpern würde, führen Sie die Kabel möglichst an einer Stelle zusammen und bündeln Sie sie mit Kabelbinder oder noch besser in einem flexiblen Kabelkanal.

Weitere Hinweise finden Sie im folgenden Abschnitt über das klappbare Instrumentenbrett, denn die Arbeitsweisen unterscheiden sich nicht wesentlich.

Was gibt es hierbei zu beachten?

- Ein Steckschott, das nach Bedarf eingesteckt und ansonsten verstaut wird, macht nur Sinn, wenn die daran hängenden Kabel das Verstauen nicht verhindern. Sie haben zwei Möglichkeiten, damit umzugehen: Entweder bekommt jedes Gerät Stecker zur Strom- und Datenversorgung oder aber Sie finden eine Möglichkeit, das Instrumentenbrett direkt in der Nähe des Niederganges zu stauen. In diesem Fall müssen die Kabel natürlich ausreichend lang sein.

Klappbares Instrumentenbrett

bis

Benötigtes Werkzeug und Material:
Sperrholzbrett, Laub- oder Stichsäge, Schleifpapier, 2 Scharniere, Schrankfeder zum Arretieren, die Einbauinstrumente, flexibler Kabelkanal, Gummizug.

Foto: Willi Henke

Vor allem auf kleinen und sehr kleinen Booten muss man mit dem verfügbaren Platz geizen. Zu den sehr kleinen Booten gehört mit 5,45 m der Jollenkreuzer »FAM«; Willi Henke aus Hagen hat eines der am schönsten aufbereiteten Boote dieser Klasse, die ich gesehen habe. Er segelt das Boot sowohl auf einem Binnensee als auch in Küstennähe. Wer die FAM kennt, weiß, dass man sich in der Schlupfkajüte nur kniend oder gebückt bewegen kann. Seine Lösung, die für ihn wichtigen Instrumente sehen zu können, ohne dass sie den ohnehin kaum vorhandenen Platz innen unnötig einschränken, fand ich sehr überzeugend.

Das Brett mit Logge/Tiefenmesser und Kompass ist nach oben wegklappbar.

Die Realisierung ist ziemlich einfach. Auf einem Sperrholzbrett von ausreichender Größe werden die

Ein simpler Gummizug hält das klappbare Instrumentenbrett oben am Kajütdach, eine Schrankfeder arretiert es in Betriebsstellung.

Die Materialliste ist überschaubar, der Arbeitsaufwand auch.

Ausschnitte für die Instrumente angezeichnet und ausgesägt. Dazu eignet sich eine Laubsäge oder eine Stichsäge. Scharniere und Schrankfeder lassen sich problemlos im Baumarkt beschaffen. Die Instrumente sollten Sie schon gekauft haben, damit Sie nicht über die Größe der Ausschnitte rätseln müssen. Um zu vermeiden, dass man beim Einsteigen in die Kajüte frei herumhängende Kabel ausreißt, sollten Sie einen flexiblen Kabelkanal anbringen.

Was zu beachten ist:

- Bei der FAM ist das Deckslaminat derart dick, dass man ohne Sorgen etwas von innen darin verschrauben kann. Bei anderen Booten kann es sinnvoll sein, die Scharniere anders zu befestigen – durch anlaminieren oder mit PU-Klebmasse.

Sperrholzdach für Niedergangsluke oder sonstige Luke

Benötigtes Werkzeug und Material:
Mallenform zum Herstellen der Rundung, 3 Sperrholzplatten ca. 3 mm Stärke, weitere Sperrholzplatte zum Formen, Schleifpapier, ca. 10 bis 14 Schraubzwingen, kochwasserfester Resorcinleim.

Diese Technik greift die Idee des Lamellierens auf, also einzelne Schichten dünnen Holzes miteinander zu einem Ganzen zu verleimen. Der Sinn der Sache besteht darin, auf diese Weise Rundungen zu bekommen, die anders nur mit deutlich höherem Aufwand zu realisieren wären – nämlich durch Dämpfen.

Die Ausgangslage: Sie benötigen für ein Niedergangsluk oder sonst eine Luke eine gerundete Abdeckung. Die Technik habe ich mir von Sven Wehrenbrecht erklären lassen. Er ist Bootsbaumeister bei der Bickerwerft in Ahlen-Dolberg.

Das Lamellieren mit schmalen Holzleisten kommt in einem späteren Kapitel vor – hier geht es im Grunde darum, viellagiges Sperrholz in der gewünschten Form selbst herzustellen.

Das erste Problem ist auch hier die Mallenform, die man als Matritze nimmt. Auf dem Bild oben kann man die benötigte Rundung gut erkennen. Die Form lässt sich herstellen, wenn man sie – wie hier – gut abnehmen kann. Die Holzleiste mit der Aufschrift »A G 292« ist die Mutter der Form.

Sie müssen mehrere identische Stücke miteinander verleimen, um die Form zu bekommen. Wehrenbrecht hat es einfacher: Er hat die Form auf Lager, da diese Lukendächer immer wieder produziert werden müssen.

Die Sperrholzplatten, die Sie zum »Deckel« verarbeiten wollen, müssen etwas größer sein als Sie eigentlich benötigen werden, denn beim Biegen und Aufschichten geht etwas Breite an die Rundung verloren.

Das Arbeitsprinzip: Nehmen Sie die benötigten Maße ab. Die Platten werden grob und mit Überlänge zugeschnitten und mit Leim bestrichen. Da der Deckel dem Wetter ausgesetzt ist, muss es kochwasserfester Bootsbauleim sein. Sie können alternativ auch PU-Leim oder Epoxidleim verwen-

Das ist die Form, über die die dünnen und flexiblen 3mm-Platten gespannt werden.

den. Epoxid muss aber so eingestellt werden, dass Ihnen genügend Zeit bleibt, die Platten auszurichten. Die Platten werden übereinander geschichtet. Zum Abschluss krönen Sie Ihr Plattensandwich mit der letzten Platte, die ohne Leim aufgelegt wird. Die dient nur dazu, mit den Schraubzwingen an die verleimten Platten gepresst zu werden – außerdem darf sie die Macken abbekommen, die Ihr neues Niedergangsluk nicht haben darf.

Setzen Sie die Schraubzwingen in geringen Abständen an und lassen Sie das Ganze eine Nacht lang ruhen.

Danach ist Ihre gebogene Sperrholzplatte stabil und fertig.

Drei dieser Sperrholzplatten sollen aufeinander geleimt werden.

Was bei dieser Arbeit schiefgehen kann:

- Am wichtigsten ist, dreidimensional zu denken. Das macht sich vor allem bemerkbar, wenn man die Kanten der gerundeten Platte so schleifen will, dass sie bündig mit dem jeweiligen Unterbau abschließen. Um Katastrophen zu vermeiden, sollten Sie vorsichtig schleifen und das Zwischenergebnis immer wieder kontrollieren.
- Wehrenbrecht empfiehlt, nicht zu engagierte Pläne zu fassen: »Bauen Sie als Laie lieber etwas eckiger.«

Ruder

Ruderpinne sanieren

Benötigtes Werkzeug und Material:
Schleifpapier in den Körnungen 60, 80, fortlaufend feiner bis 240 oder 320, Grundwerkzeug wie Schraubendreher, Kombizange etc, Klarlack sowie farbiger Lack für das Ruderblatt, Epoxyspachtel oder Polyesterspachtel, Pinsel, Schleifgeräte.
Passende Schrauben und Bolzen als Ersatz für alte, angegriffene.

Bei der Wiederherstellung einer angegriffenen Ruderpinne finden Sie viele Arbeiten wieder, die schon im Kapitel »Arbeit an einem Holzbaum oder -masten« aufgetaucht sind.

Neu hinzu kommt, dass unter Umständen gespachtelt werden muss. Der Grund dafür ist das Ruderblatt. Es wird stark angeströmt und ist ständig im Wasser – deswegen sind eine glatte Oberfläche und eine saubere Versiegelung hier sehr wichtig.

Als ersten Schritt empfehle ich Ihnen, eine kleine Fotodokumentation über die genaue Lage aller Beschläge anzufertigen. Häufig ist es so, dass man glaubt, man könnte sich das alles schon merken – und beim Zusammenbauen rätselt man dann doch, wo welcher Beschlag denn nun genau hingehört.

Nach der Dokumentation werden alle Beschläge abgebaut, in eine Zigarrenkiste oder Tupperschüssel einsortiert und beschriftet.

Bevor Sie anfangen, die Teile zu bearbeiten, sollten Sie sie pingelig überprüfen. Eine morsche Pinne mag noch so schön lackiert sein, wenn sie unterwegs bricht, oder – noch schlimmer – das Ruderblatt bricht, haben Sie ein massives Problem.

Pinne und Pinnenausleger sind in den meisten Fällen aus Massivholz oder aus starkem Sperrholz. Ebenso das Ruderblatt – das kann außerdem mit GFK überzogen sein.

Ist das Holz noch gesund, kann man aus der schäbigsten Oberfläche …

Machen Sie es sich beim Schleifen von grob zu fein zur Regel, die Körnung möglichst in 40er-Schritten zu verfeinern – also von 80 auf 120 usw. Auf den Fotos können Sie sehen, dass der schöne Mahagoniton der Pinne durch gründliches Schleifen grauer Stellen wieder sauber zum Vorschein kommt.

Auch das Ruderblatt will gründlich abgeschliffen werden. Es kann gut sein, dass Sie sich durch eine oder mehrere Schichten Antifoulinig und Farbe arbeiten müssen. Ist das Blatt mit GFK überzogen, sollten Sie auch bis zum GFK schleifen. Danach können Sie es spachteln. Nach dem Spachteln folgt ein Feinschliff. Bei einem ersten Versuch habe ich es mit dem Spachteln nicht so genau genommen. Das Ergebnis nach der Lackierung war sehr ärgerlich. Ich musste die komplette Lackierung mühsam wieder abtragen.

Nachdem ich es dann noch einmal ordentlich gemacht habe, konnte sich das Ergebnis sehen lassen.

Der eigentliche Aufbau der Lackschichten ist immer eine Freude, denn mit jeder Schicht wird Ihr Ruder schöner und glänzender. Beachten Sie Trocknungsintervalle und nehmen Sie sich jedesmal Zeit für den Zwischenschliff, denn Unebenheiten verstärken sich sonst Schicht für Schicht.

Nun können Sie Ihr Ruder wieder zusammenbauen. Wenn Sie gut vorbereitet sind, haben Sie Schrauben und Bolzen kontrolliert, und sich Ersatz

… noch den schönen Originalton wieder hervorschleifen.

Faulheit bringt letztlich Mehrarbeit: Wer vorher nicht ordentlich schleift und spachtelt …

beschafft. Vermackelte Schraubenköpfe und krumme Bolzen sollten bei dieser Gelegenheit gleich durch gutes Material ersetzt werden. Kaufen Sie etwas mehr als Sie brauchen – dann kommen Sie nicht in die Verlegenheit, eine Reihe Kreuzschrauben mit zwei Schlitzschrauben ergänzen zu müssen, weil gerade keine anderen zur Hand sind. Ich nehme meist Edelstahl. Das ist zwar teurer, aber haltbarer.

Das schönste Lob nach der Arbeit war die Frage eines Stegnachbarn, ob ich ein neues Ruder gekauft habe …

Typische Fehler, die hier passieren können:

- Beschläge falsch angebracht: hier hilft ein Schwung Fotos mit der Handykamera, um die genaue Lage festzuhalten.
- Schleifintervalle nicht genügend beachtet, möglichst in 40er Schritten arbeiten.
- Zu dicke Farbschichten: Sie führen zu Blasen und einem allgemein unschönen Lackbild.
- Trocknungs- und Streichintervalle beim Lackieren nicht beachtet – Gebrauchsanweisung des Herstellers befolgen.

… muss nachher wieder abschaben.

Ruderpinne neu anfertigen (Lamellieren)

1. Nach existierendem Vorbild

Benötigtes Werkzeug und Material:
Geeignete Holzlamellen (hier: Mahagoni und Esche), Zimmererwerkzeug wie Hobel, Sägewerkzeug wie Band- oder Stichsäge, Hammer, kleine Restholzstücke, Polyurethanleim, Böcke, um Formen abnehmen zu können. Mindestens 20 Schraubzwingen, besser ein paar mehr in Reserve, eine geeignete Werkzeugbank, eine Einrichtung um Holz zu dämpfen, Dampferzeuger (zum Beispiel Gerät zum Tapetenablösen per Dampf aus dem Baumarkt), 1-K- oder 2-K-Lack.

Um es gleich zu sagen, diese Aufgabe ist etwas für Leute, die in Sachen Holzbearbeitung auf den Geschmack gekommen sind, und die nun eine neue Herausforderung suchen. Eine lamellierte Pinne ist ein Schmuckstück für jedes Boot. Dadurch, dass mehrere Schichten von dünnen Holzlatten zu einem Ganzen verarbeitet werden, ergibt sich eine sehr ansprechende Optik. Je nach Schliff bei der Endbearbeitung verläuft der Kontrast von hellem (Eschen-)Holz zu dunklem Mahagoni ausgesprochen schön.

Das Grundprinzip beruht darauf, dass ausreichend mit Dampf behandeltes Holz für kurze Zeit sehr flexibel wird, und so mit wenig Kraftaufwand in die gewünschte Form gezwungen werden kann.

Die gesamte Arbeit dauert inklusive der nötigen Trocknungs- und Aushärtungszeiten etwa vier bis sechs Tage.

Die hier beschriebenen Arbeiten habe ich mir bei dem niederländischen Fachmann Tijs van Vliet angeschaut. Er hat sie mir ausführlich erklärt. Tijs van Vliet stellt seit Jahren lamellierte Pinnen her, dazu auch Pinnenverlängerungen mit dem gleichen Schwung, den auch die Pinne hat.

Wenn Sie sich an diese Herstellungsweise herantasten wollen, empfiehlt es sich vielleicht, erst

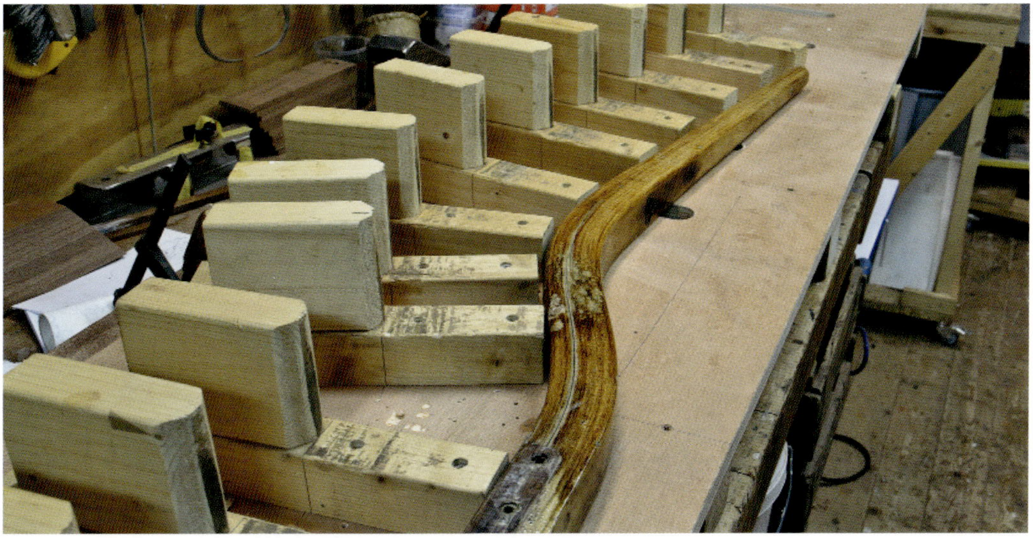

Der Strich ist gezeichnet, die Formböcke an ihm ausgerichtet …

… und festgeschraubt.

einmal einfachere Stücke in Angriff zu nehmen. Das kann eine Klampe sein, oder ein Handlauf, der gerade geformt oder nur leicht geschwungen ist.

Außer mit Esche und Mahagoni arbeitet van Vliet noch mit Eiche auf Eiche, gelegentlich noch mit Teak, das ist aber schwerer zu leimen. Der Vorzug des verwendeten Eschenholzes im Beispiel liegt darin, dass es sehr lange, gleichmäßig verlaufende Fasern hat und entsprechend wenig zum Brechen neigt.

Die Lamellen schneiden Sie entweder selbst zu, oder Sie lassen diese Arbeit von einem Schreiner erledigen.

Die grundlegenden Arbeitsschritte sind:

1. Die Form einer bereits existierenden und erneuerungsbedürftigen Pinne abnehmen und fixieren.
2. Die Länge der Originalpinne messen.
3. Die Lamellen dämpfen.
4. Die Lamellen in Form pressen und trocknen lassen.
5. Die Lamellen leimen und trocknen lassen.

Die Länge des Originals messen und 10 bis 15 cm hinzugeben.

6. Die Lamellen hobeln und schleifen.
7. Endbearbeitung mit Lack.

Ein so schönes Stück wie auf dem Foto oben wird Ihnen auf Anhieb kaum gelingen. Achten Sie etwa darauf, wie fein der Übergang von der geschwungenen Pinne zum Griffstück gelöst ist – und wählen Sie für das erste mal lieber eine Variante, die weniger aufwendig ist.

Die **Form der Originalpinne** nehmen Sie mit einem Bleistift ab. Legen Sie die Pinne auf ein Brett und zeichnen Sie die Kontur nach. Überlegen Sie, ob Sie die Form von oben oder von unten abnehmen. Dort, wo die Form angezeichnet ist, haben Sie später eine durchgehende Holzlage. Am anderen Ende ergeben sich durch die Schleifarbeiten zur Verjüngung später Farbverläufe von Holzschicht zu Holzschicht.

Anschließend schrauben Sie die Böcke für die Form entsprechend der geschwungenen Linienform auf Ihre Arbeitsplatte. Die Arbeitsplatte muss Schlitze haben, sonst fehlt Ihnen nachher eine Möglichkeit, Schraubzwingen anzusetzen.

Messen Sie die Originalpinne und wählen Sie Ihre Lamellen für das neue Stück um etwa 10 bis 15 cm länger. Ebenso sollten Sie Breite und Stärke des Originals messen – schließlich muss der Beschlag auf das neue Stück passen.

Machen Sie sich jetzt Gedanken über die Stärke der Lamellen. Typische Stärken sind etwa vier bis sieben pro Stück. Das ist weniger eine Frage der

Kleine Stäbchen sorgen für Abstand zwischen den Lamellen.

Stabilität, sondern eher eine Frage der optischen Erscheinung am Ende. Haben Sie beispielsweise eine Gesamtstärke von 45 mm, so benötigen Sie neun Lamellen á 5mm. Die Schichtstärken, die sich aus der Verleimung ergeben, können Sie vernachlässigen.

Zum Dämpfen haben wir hier eine Sperrholzkiste. Zu diesem Zweck haben andere aber schon ein hitzebeständiges mit Deckeln verschlossenes Abwasserrohr verwendet, in das Dampf eingeleitet wird. Auf jeden Fall muss die Dämpfkiste ein Überdruckventil haben – heißer Dampf kann eine sehr gefährliche Sache sein. Das Überdruckventil besteht in diesem Fall aus einem Gummistopfen für den Sanitärbedarf; der gibt schon bei relativ geringem Überdruck nach.

Da van Vliet mit Lamellen arbeitet, hat er in seine Schwitzkiste kleine Stäbchen eingeleimt. Die sorgen dafür, dass die Lamellen Abstand zueinander haben und so genügend Dampf von allen Seiten bekommen.

Als Faustregel gilt: Holz muss pro 2,5 cm Stärke etwa eine Stunde gedämpft werden. Die Lamellen für die Pinne wurden etwas über eine halbe Stunde mit Dampf behandelt. Lassen Sie das Holz im Zweifelsfall lieber etwas länger im Dampfbad.

Um die Lamellen aus der Kiste herauszunehmen, benutzen Sie unbedingt Handschuhe und achten Sie sorgsam darauf, dass Sie sich beim Öffnen der Kiste nicht durch einen heißen Dampfschwall verletzen – das kann sehr böse Verbrennungen geben.

Sie haben jetzt nur etwa zwei Minuten, um das flexible Holz in Form zu pressen – also muss alles vorbereitet sein, damit Sie zügig arbeiten können.

Um die **Lamellen in Form** zu **bringen**, legen Sie sie schnell an die Böcke an. Achten Sie darauf, dass die Lamellen sich nicht verschoben haben. Setzen Sie die Schraubzwingen wie auf den Fotos zu sehen an – beginnen Sie dabei mit den engsten Radien. Dabei kann es immer wieder vorkommen, dass sich die Lamellen nach oben oder unten verschieben: Nehmen Sie ein Stück Restholz als Puffer und korrigieren Sie das mit einigen Hammerschlägen.

Wenn Sie alle Zwingen horizontal und vertikal angebracht haben, kehrt erst einmal Ruhe ein. Das gepresste Holz muss etwa zwei Tage in der Form bleiben.

Ist das Holz trocken genug, können Sie die Lamellen mit Polyurethanleim **verleimen**. Van Vliet bevorzugt diesen Leim, weil er ausgesprochen stark ist, auch bei höherer Restfeuchte des Holzes (bis 25 %) noch verwendet werden kann, weil er eine

Einfach aber wichtig und wirksam: Überdruckventil.

Und jetzt wird gedampft ...

... für etwa eine halbe Stunde.

lange Topfzeit hat und weil seine Dämpfe weniger gesundheitsschädlich sein sollen.

Demgegenüber lässt sich Epoxidleim nur bis 15 % Feuchte verwenden, außerdem wird er sehr hart. Das macht sich nachher negativ bemerkbar, wenn man herausgequollenen Leim abhobeln will.

Was Sie nun vor sich haben, sieht schon sehr nach einer Pinne aus und muss weitere 48 Stunden gepresst werden, bis der Leim abgebunden hat. Auch hier müssen Schraubzwingen dafür sorgen, dass die Lamellen horizontal und vertikal in Form gezwungen werden.

Das getrocknete Werkstück wird Überlängen haben. Die ergeben sich durch den Schwung und die darauf folgende Verschiebung der Lamellen. Sägen Sie sie mit einer Band- oder Stichsäge auf Maß.

Nun geht es langsam in die Finalrunde des **Hobelns und Schleifens**: Mit einem Handhobel brechen Sie die Kanten. Dadurch entstehen weitere, kleinere Kanten, die Sie wiederum brechen – so entsteht nach und nach eine Rundung. Vorsicht: Hier kann man sich sein schönes Stück noch versauen, indem man zu viel abhobelt. Deswegen kontrollieren Sie lieber einmal mehr als einmal zu wenig, wie viel Material Sie abgetragen haben.

Nach dem Hobeln folgt das Schleifen – zunächst mit 60er Papier, dann in Schritten 80, 120, 180 bis 220. Sie werden feststellen, dass es schwer ist,

Zuerst die engen Radien an die Form pressen.

Die Lamellen verrutschen auch vertikal.

saubere Rundungen zu schleifen; hier macht Übung den Meister.

Die **Lackierung** erfolgt in sechs Schichten. Wichtig ist der Zwischenschliff – vor allem nach der ersten Lackierung. Denn dann richten sich kleine Holzfasern auf, die ohne Zwischenschliff für eine rauhe Oberfläche verantwortlich sind. Wenn es schneller gehen soll, können Sie 2-K-lack verwenden. Er härtet schneller aus und verkürzt die Gesamtzeit. Bei 1-K-Lack dauern die Trockungsintervalle länger – er ist aber leichter zu verarbeiten und stellt weniger Ansprüche an die Umgebungsbedingungen wie Luftfeuchtigkeit und Temperatur. Empfehlenswert ist es, den Lack zu verdünnen – achten Sie auf geeigneten Verdünner in der jeweiligen Produktbeschreibung.

Was kann schiefgehen bei dieser Arbeit?

- Holz zu feucht: Die Folge ist, dass der Leim nicht hält
- Zu viel Ungeduld: Halten Sie die Trocknungszeiten sowohl nach dem Dämpfen als auch nach dem Leimen und beim Lackieren unbedingt ein.
- Fehler beim Rundschleifen und Verjüngen der Pinne: Es ist wichtig, sehr oft zu kontrollieren, wie viel Holz Sie weggehobelt und geschliffen haben.
- Erwarten Sie beim ersten Mal kein perfektes Ergebnis – experimentieren Sie für den Anfang mit einer einfachen Form.

2. Pinne anfertigen, ohne ein Original zu haben

In diesem Fall muss noch ein Schritt vorgeschaltet werden: Sie benötigen eine Form. Beschaffen Sie sich die für Ihren Bootstyp passende Pinnenform durch Fotos aus dem Internet. Je genauer, desto besser. Klassenvereinigungen bieten hier einen guten Ansatzpunkt. Wenn Sie auch keinen Beschlag haben besorgen Sie den zunächst – oder zumindest die Maße, die Pinne muss schließlich in die Innenmaße des Beschlages hineinpassen.

Haben Sie eine Idee, wie die Form aussehen soll, nehmen Sie eine dünne Holzleiste etwa von 5x5 mm und biegen Sie mit den Fingern in die gewünschte Form. Das ist wichtig, weil Sie dem Holz nicht eine beliebige Form aufzwingen sollten: Holz sucht sich seine eigenen Wege – und die müssen Sie experimentell ermitteln.

Haben Sie einen Schwung gefunden, der zur Vorlage passt, fixieren Sie die dünne Holzleiste mit Nägelchen auf einem Brett. Nun können Sie die Form mit einem Bleistift anzeichnen.

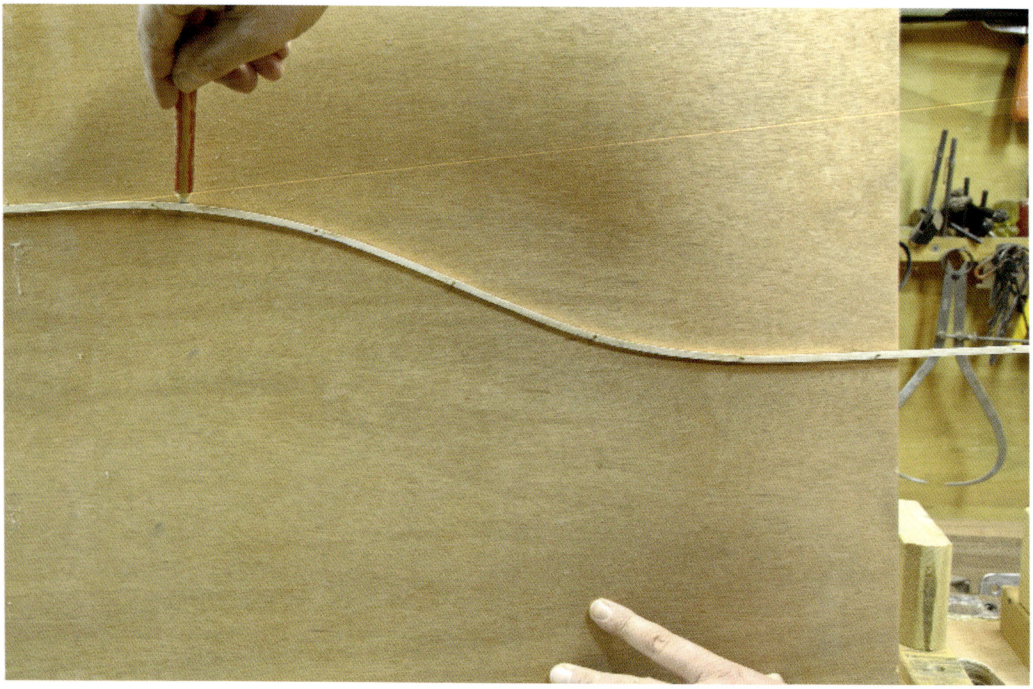

Das Vorbiegen der Leiste dient dazu, dem Willen des Holzes auf die Spur zu kommen.

Findet sich keine Vorlage oder haben Sie einfach Ihren eigenen Kopf, dann hilft noch ein ästhetischer Anhaltspunkt weiter: Der Schwung der Pinne sollte mit dem Deckssprung Ihres Bootes korrespondieren.

Gleichen Sie so gut es geht Ihr Zeichenergebnis mit den Gegebenheiten an Bord ab: Wäre das Stück funktional, oder stößt es irgendwo an? Ist die Handhaltung in bequemer Höhe?

Dann können Sie die eigentliche Herstellung wie weiter oben beschrieben beginnen.

3. Arbeiten mit Massivholz

Die Arbeitsgänge ändern sich nicht wesentlich, wenn Sie statt der Lamellen mit Massivholz arbeiten wollen. Unterschied eins besteht darin, dass Sie den Dampf deutlich länger einwirken lassen müssen. Die Faustformel von 1 Stunde dämpfen pro 2,5 cm Holzstärke bezieht sich auf Eiche, bei anderen Hölzern müssen Sie die nötige Zeit unter Dampf durch Versuche herausfinden.

Unterschied zwei besteht darin, dass Massivholz eine stärkere Neigung zum Zurückfedern hat, sobald Sie es aus den Schraubzwingen holen. Schwierig wird es vor allem, wenn Sie zwei identisch verlaufende Stücke oder zwei exakt gegenläufige herstellen wollen, wie zum Beispiel zwei Handläufe: Störungen im Faserverlauf beeinflussen das Verhalten das massiven Holzes nach dem Dämpfen erheblich.

Gut geeignetes Holz ist hier Eiche, Esche, Ulme oder Buche. Achten Sie bei der Auswahl der Stücke auf den Faserverlauf. Er sollte in Längsrichtung liegen und möglichst gleichmäßig sein.

Massivholz wird immer wieder etwas zurückfedern, sobald Sie es aus der Form holen.

Im Grunde bietet sich das Dämpfen von Massivholz also an, wenn eine von zwei Voraussetzungen erfüllt ist: Erstens, wenn der Verlauf der Biegung nicht exakt sein muss sondern etwas Toleranz verträgt, und zweitens, wenn das fertig gedämpfte Stück sowieso in seiner neuen Form fixiert werden soll, wie das etwa bei Planken der Fall ist. Im letzten Fall sollte es sofort nach dem Dämpfen angebaut werden.

Je genauer dagegen der Kurvenverlauf eingehalten werden muss, desto mehr müssen Sie das Rückfedern des Holzes vorausahnen, und vorher beim Biegen in der Form etwas übertreiben. Zum grundsätzlichen Verhalten des Holzes ist dabei zu sagen: Es lässt sich durch das Dämpfen zwar auf der Innenseite stauchen, aber auf der Außenseite nicht verlängern. Die einzige Methode zum Erfolg zu kommen besteht darin, Erfahrung zu sammeln und mehrere misslungene Stücke in Kauf zu nehmen. Das ist zwar aufwendig, aber wenn Sie es in den Griff bekommen, beherrschen Sie eine Technik, die sonst kaum noch jemand beherrscht.

Teak verlegen an Luken, Laufgängen etc.

Benötigtes Werkzeug und Material:
Stichsäge, Papierschere, Hartfaserplatte, Kreissäge, HPL-Platte, Schleifmaschinen (Bandschleifer, Exzenterschleifer), Fugendichtungsmasse (z. B. Pantera), Kleb- und Dichtmasse (Handelsname: Sikaflex, Saba), Aceton oder Spezialreiniger zum Reinigen des Untergrundes, Schraubzwingen, Schmiege, Teakleisten 6 mm bis 9 mm, Maschinenschrauben als Abstandshalter.

Wenn Sie Ihr Boot mit Teak verschönern wollen, dann kommen dafür Luken in Frage, die Sitze im Cockpit oder Laufgänge auf Deck. Für ein Teakelement, wie etwa ein Lukendeckel, rechnen Sie eine Arbeitszeit inklusive Trocknen und Aushärten von etwa einer Woche an. Wenn Sie sich das erste Mal an solch eine Aufgabe herantrauen, dann werden Sie viel Zeit mit Nachmessen und Nachbessern verbringen.

Es ist eine gute Idee, sich die Arbeitsgänge bei Dieter Främbs anzuschauen. Er lebt in der Nähe von Hamburg und ist technischer Berater bei der Vega-Klassenvereinigung. Die Segler dort haben sich ganz der schon älteren, robusten und seetauglichen Albin Vega verschrieben.

Wie immer bei komplexeren Arbeitsgängen ist es hilfreich, sich die grundsätzlichen Arbeitsschritte vorab zu notieren:

1. Eine Papierschablone des benötigten Teakelements herstellen.

Erst eine Papierschablone anfertigen, weil sie einfach zu schneiden ist. Dann eine Hartfaserschablone anfertigen, weil sie sich nicht zusammenrollt …

Auf der Hartfaserschablone bringt man noch Korrekturwerte an.

2. Die Papierschablone auf eine Hartfaserplatte übertragen und Korrekturen vornehmen.
3. Eine HPL-Platte (andere nehmen Marinesperrholz) als Trägermaterial zuschneiden.
4. Die Teakränder auf die HPL-Platte kleben, aushärten lassen, dann die weiteren Teakleisten aufbringen.
5. Das Ergebnis verfugen und dann schleifen.
6. Das fertige Element aufkleben.

Die **Papierschablone** schneiden Sie mit einer Schere zu. Achten Sie hier schon auf möglichst genaues Arbeiten. Überhaupt gilt für das gesamte Ergebnis, dass Genauigkeit in den Teilschritten später bestimmt, ob Ihr Teakelement schön stimmig aussieht. Legen Sie die Schablone besser einmal mehr als einmal zu wenig an, auch wenn beim Anpassen eine beträchtliche Zeit vergeht.

Haben Sie Ihre Papierschablone zufriedenstellend genau gefertigt, übertragen Sie sie eins zu eins auf eine **Hartfaserplatte**. Von der Hartfaserplatte können Sie die Form später genau abnehmen, ohne dass etwas knickt oder sich wellt. Auf der Hartfaserplatte bringen Sie bereits Korrekturhinweise an, die bei aller Genauigkeit trotzdem nötig werden.

Nun haben Sie die Form. Das Trägermaterial der Wahl ist für Främbs eine HPL-Platte. Dabei handelt es sich um höchst witterungsbeständige Hart-Papier-Verbundplatten. Werften oder auch andere Selbstbauer nehmen alternativ Sperrholzplatten in einer Stärke von 2–4 mm. Främbs bevorzugt die HPL-Platten von ca. 1,5 mm, weil sie keine Feuchtigkeit aufnehmen können. Sperrholz ist in dieser Hinsicht vor allem an den Kanten empfindlich: »Meistens löst sich nach ein paar Jahren eine Flanke der Verfugung, dann dringt Feuchtigkeit in das Sperrholz – mit HPL-Platten habe ich das Problem nicht.«

Die dünnen HPL-Platten können Sie mit einer Säge zuschneiden. Außenradien lassen sich mit einer Kreissäge und viel Gefühl sauber herausarbeiten, für Innenradien nehmen Sie eine Schleifmaschine. Da Sie hier die endgültige Form des Teakelements festlegen, ist nochmaliges Anlegen an die Luke Pflicht. Es nervt zwar, ständig zwischen Arbeitsplatz und Boot hin- und herzuklettern, zahlt sich aber aus.

Auf die fertige HPL-Platte werden nun die Ränder geklebt, die Teakleisten müssen sauber zugeschnitten und an den Rändern geschliffen sein.

Haben Sie den Rahmen festgelegt, greifen Sie zu Papier und Bleistift. Es geht nun darum, die Breite und Menge der Teakleisten festzulegen, die Sie in den Rahmen einbauen wollen. So sehen Sie auch auf einen Blick, was später an Ecken übrig bleibt, die Sie mit extra zugeschnittenen Teakstücken füllen müssen.

Beim **Zuschneiden der Teakleisten** kommt es auf jeden Millimeter an – das bedeutet, dass man selbst für einen Millimeter besser noch einmal zur

Die Randleisten sind geklebt und fixiert. Schön auch zu sehen, wie die Schrauben als Abstandshalter eingelegt sind.

Große Kleckse der Fugenmasse lassen sich gut mit einem Messer wegschneiden. Danach wird geschliffen.

Kreissäge geht, um seine Maße einzuhalten. Gerade bei einem Teakelement reagiert das Auge sehr empfindlich auf geringste Ungenauigkeiten. Bei Främbs hat die lange Routine dazu geführt, dass er sich auch an Teakarbeiten wie etwa einen schönen Butt (Foto am Anfang dieses Kapitels) herantrauen kann – hier liegt die Herausforderung in der Symmetrie. Fehlende Routine lässt sich ganz gut dadurch ausgleichen, dass Sie sich gar nicht erst unter Druck setzen lassen. »Letztlich bin ich Laie und habe Zeit – und die nehme ich mir. Profis stehen unter Produktionsdruck – den lasse ich erst gar nicht zu«, meint Främbs dazu.

In aller Regel werden Sie es nicht mit einer rechtwinkligen Angelegenheit zu tun haben – deshalb ist jede zugeschnittene Teakleiste eine Einzelanfertigung. Genaue Winkel nehmen Sie mit einer Schmiege ab. Das Handwerkszeug für alle Holzwürmer ist nicht allzu teuer und wird immer wieder gebraucht. Eine Schmiege ist nichts anderes als ein einfacher, aber genauer Winkelmesser, den Sie in jeder Stellung arretieren können. So lässt sich der abgenommene Winkel für das Sägen übertragen.

Bevor Sie jetzt die Leisten ankleben, sollten Sie den Untergrund reinigen. Das geht zum Beispiel mit Aceton – achten Sie darauf, dass Ihr Untergrund nach dem Reinigen gut ablüften kann.

Mit einem Zahnspachtel tragen Sie den Kleber für die Leisten auf – Sie werden sicher Ihr Lieblingsprodukt haben. Für Främbs ist es wichtig, dass sich der Kleber gut mit der Pistole aus der Kartusche drücken lässt. Ein zäher Kleber wirkt demoralisierend, wenn man nicht die Unterarme eines Bodybuilders hat.

Hilfreich ist es, den Kleber auf Raumtemperatur zu bringen. Dazu können Sie den Kleber einen Tag vor Gebrauch im Wohnzimmer vor die Heizung legen oder auch am Tag der Verarbeitung vorsichtig im Wasserbad erwärmen.

Jede aufgeklebte Leiste wird mit Schraubzwingen fixiert. Hier ist es wichtig, nicht zu viel Druck auszuüben, denn dann quetschen Sie zu viel Kleber zwischen Leiste und Untergrund wieder heraus. Handwerker verwenden für solche Begriffe gerne die Empfehlung »handwarm« anpressen. Handwarm ist technisch zwar nicht sehr exakt, aber jeder weiß, was damit gemeint ist: Man muss es mit Gefühl machen. Die Klebung muss mindestens 12 Stunden aushärten.

Haben Sie Ihre Leisten aufgebracht, geht es an das Verfugen – und vor dem Verfugen geht es um die Frage: Nehme ich Fugenband oder nicht? Das muss kurz erläutert werden. Fugenband benutzt man, um zu verhindern, dass die Fugenmasse auf

Den Rest des überflüssigen Fugenmaterials kann man schnell mit 80er Papier wegschleifen.

dem Untergrund klebt – die Klebeflächen sollen alleine die Flanken der Teakleisten sein. Der Gedanke dahinter ist einleuchtend: Der Verbund wird auf dem Boot immer ein wenig arbeiten. Hat man eine Haftung auch auf dem Untergrund, zerren und quetschen Kräfte von drei Seiten auf das Material ein. Die Gefahr, dass dabei im Laufe der Jahre die Masse feine Risse bekommt oder sich teilweise ablöst vermindert man dadurch, dass man die Haftung auf das nötigste beschränkt, und zwar auf die zwei Flanken der benachbarten Teakleisten. Främbs hat sich inzwischen eine eigene Meinung dazu gebildet: »Von der Theorie her ist es richtig, mit Fugenband zu arbeiten. Praktiker sagen, dass es auch ohne geht. Trotzdem sollten Anfänger erst einmal mit Fugenband arbeiten.«

Die Fugenmasse wird einfach eingespritzt – natürlich so sorgfältig wie möglich. Sie sollte mindestens 24 Stunden aushärten. Einige empfehlen, die jeweiligen Ränder vorher mit Kreppband abzukleben, da man so eine saubere Kante erhält. Främbs verzichtet darauf, weil nach dem Entfernen des Krepppapiers logischerweise etwas Fugenmasse übersteht. Er nimmt lieber Kleckse in Kauf. Große Kleckse werden nach dem Aushärten erst mit einem Messer abgesäbelt, dann abgeschliffen. Mit 60er oder 80er Papier und einem Exzenterschleifer ist das innerhalb von ein paar Minuten erledigt.

Nach dem Schleifen kontrollieren Sie penibel, ob Ihre Verfugung irgendwo Löcher (Lunker) aufweist. Wenn ja, verfüllen Sie diese mit Hilfe eines kleinen Holzstückchens, etwa von der Größe eines Streichholzes, und etwas Fugenmasse.

So kann ein fertiges Element aussehen. Es wertet jedes Deck optisch deutlich auf.

Nun können Sie das fertige Element aufkleben. Den Kleber verstreichen Sie vollflächig mit einem Zahnspachtel. Bei ebenem Untergrund reicht Fixierdruck durch mit Sand gefüllte Einkaufstüten oder Ziegelsteine. Bei gerundeten Untergründen sollten Sie vor dem Verkleben klären, wie Sie den nötigen Pressdruck erzeugen. Denkbar sind Gurtbänder, notfalls rund um das Schiff, Querlatten und Keile. Achtung: Haben Sie das Element einmal angepresst, lässt es sich nur schwer korrigieren. Nach dem Aushärten geht es gar nicht mehr. Es muss also beim ersten Ansetzen genau dort liegen, wo es bleiben soll.

Achten Sie auf die Topfzeit Ihres Klebers. Es nützt nichts, wenn Sie das Deck komplett eingestrichen haben und Ihr Kleber nach kurzer Zeit ausgehärtet ist. Nach dem Verlegen des ersten Teils entfernen Sie das Abklebeband und beschweren die verlegte Fläche mit den vorbereiteten Gewichten.

Als letztes Teil verlegen Sie den Butt am Vordeck. Jetzt lassen Sie Ihr Werk erst einmal in Ruhe aushärten.

Nun müssen die Fugen gefüllt und die Ränder verfugt werden. Als vorbereitende Arbeit entfernen Sie Kleber, der sich in die Fugen gemogelt hat, mit dem Stechbeitel und reinigen zusätzlich noch mit Aceton, um eine optimale Haftung der Fugenmasse zu erreichen. Beim Verfugen haben Sie zwei Möglichkeiten: Sie können die Fugenränder abkleben und dann ausspritzen oder Sie spritzen die Fugen aus, ohne die Ränder abzukleben. In beiden Fällen wird die Fugenmasse sofort glatt gestrichen.

Haben Sie die Ränder abgeklebt, entfernen Sie das Kreppband direkt danach.

Bei abgeklebten Fugenrändern schleifen Sie den kleinen Überstand ab, der sich durch die Stärke des Klebebandes ergeben hat. Anderenfalls rücken Sie den Klecksen zunächst mit dem Stechbeitel zu Leibe. Achtung: Die angeschrägte Seite des Stechbeitels muss zur Arbeitsfläche zeigen. Halten Sie das Werkzeug falsch herum, besteht die Gefahr, dass Sie in das Deck hineinstechen. Das würde unschöne Macken ergeben.

Auch hier ist Nacharbeiten mit Schleifpapier nötig. Keine Angst: Die Kleckserei auf dem Deck sieht zunächst fürchterlich aus, lässt sich aber später problemlos durch Schleifen entfernen. Warten Sie aber ab, bis die Fugenmasse ausgehärtet ist, vorher würden Sie sich nur Ihr Schleifpapier fruchtlos versauen.

Was bei dieser Arbeit schiefgehen kann – und ein paar hilfreiche Tipps

- Der Abstand der Teakleisten lässt sich sehr gut und genau einhalten, wenn Sie einen Satz Maschinenschrauben als Abstandshalter benutzen. Die Schraubenköpfe verhindern, dass die Abstandshalter in die Fugen rutschen und dort mühsam herausgefummelt werden müssen.
- Es kann vorkommen, dass beim Verfugen Lufteinschlüsse auftreten. Die zeigen sich nach dem Schleifen als kleine Löcher. Hier muss mit Fugenmasse und einem kleinen Hölzchen nachgearbeitet werden.
- Man sieht Ungenauigkeiten: Teakleisten laufen nicht parallel oder/und Fugen sind unterschiedlich breit – hier lässt sich nachträglich nichts mehr korrigieren. Ungenauigkeiten kann man nur durch sorgfältiges Arbeiten bei jedem Zwischenschritt ausschalten.
- Kleber und Fugenmasse lassen sich bei kalter Umgebungstemperatur nicht gut verarbeiten, da die Masse dann zu zäh ist.
- Herumklecksende Fugen- oder Dichtmasse, die noch nicht ausgehärtet ist, lässt sich mit Nitroverdünnung, Terpentin, Aceton oder Spiritus entfernen.
- Das fertige Element lässt sich in leichte Wölbungen zwingen – vorausgesetzt, Sie können den nötigen Druck dauerhaft ausüben, bis das Element fest mit dem Boot verbunden ist.
- Wenn Sie ein ganzes Deck mit Teak versehen wollen, können Sie sehr gut mit mehreren Elementen arbeiten. Vorteile dieser Arbeitsweise: kurze Teakleisten sind billiger und die einzelnen Elemente sind einfacher in der Handhabung. Gut ist es, wenn die Elemente verzahnt sind. Das erreichen Sie dadurch, dass jede zweite Teakleiste in Laufrichtung etwas länger ist – das Gegenelement dazu muss natürlich entsprechend kürzere Leisten aufweisen. Die Arbeit ist allerdings aufwendig: Wenn Sie Zweifel haben, ob Sie das hinbekommen, sollten Sie lieber eine Werft beauftragen. Der Ärger über ein fest verklebtes und verpfuschtes Teakdeck wird nur noch von der Mühe übertroffen, es wieder abzulösen …
- Eine gut handhabbare Lösung ist es, vorgefertigte Teakelemente zu kaufen und selbst auf das Deck zu kleben, wie ich es im folgenden Kapitel beschreibe.

Teakdeck aus vorgefertigten Elementen

bis

Benötigtes Werkzeug und Material:
Für die Schablone:
Geeigneter Karton oder Papier (mindestens 200 g/qm), Schere, Teppichmesser o. Ä., Klebeband und Klebstoff, Filzschreiber.
Für die Verlegung und Verklebung:
fertige Teakteile, vom Händler angebotener Kleber oder Epoxidharz, Zahnspachtel, Aceton, Stechbeitel, Messer, Kreppband zum Abkleben, Gewichte und/oder Sandsäcke, Fugenmasse mit Kartusche, kleine Schüssel mit Wasser.

Es gibt Firmen, die dem Eigner Teakelemente vorfertigen und zuliefern. Die eigene Arbeit besteht dann darin, vorher die Schablone herzustellen und die fertigen Elemente nachher sauber zu verkleben. Der Vorteil: Man hat auf jeden Fall sauber gearbeitete Teakstücke. Voraussetzung dafür ist natürlich eine sauber gearbeitete Schablone. Die Arbeitsschritte dazu habe ich in Zusammenarbeit mit der Firma *Daniel Georgus oHG* in Bremen abgestimmt.

Die Arbeitsweise sieht unter anderem vor, dass die Schablone in möglichst wenigen Teilstücken hergestellt und dann zusammengerollt wird – etwa je für die Backbord- und die Steuerbordseite.

Bevor Sie **Schablonen herstellen** können, muss das Deck von allen Beschlägen befreit werden. Auch wenn Sie glauben, Ihr Deck genau zu kennen, ist es hilfreich, vorher Fotos von der Lage der Beschläge zu machen (zeigt das kurze Ende einer Klampe nach links oder nach rechts, nach vorne oder nach

Das ist zwar ein Cockpit und kein Deck, aber die Arbeitsweise ist die gleiche …

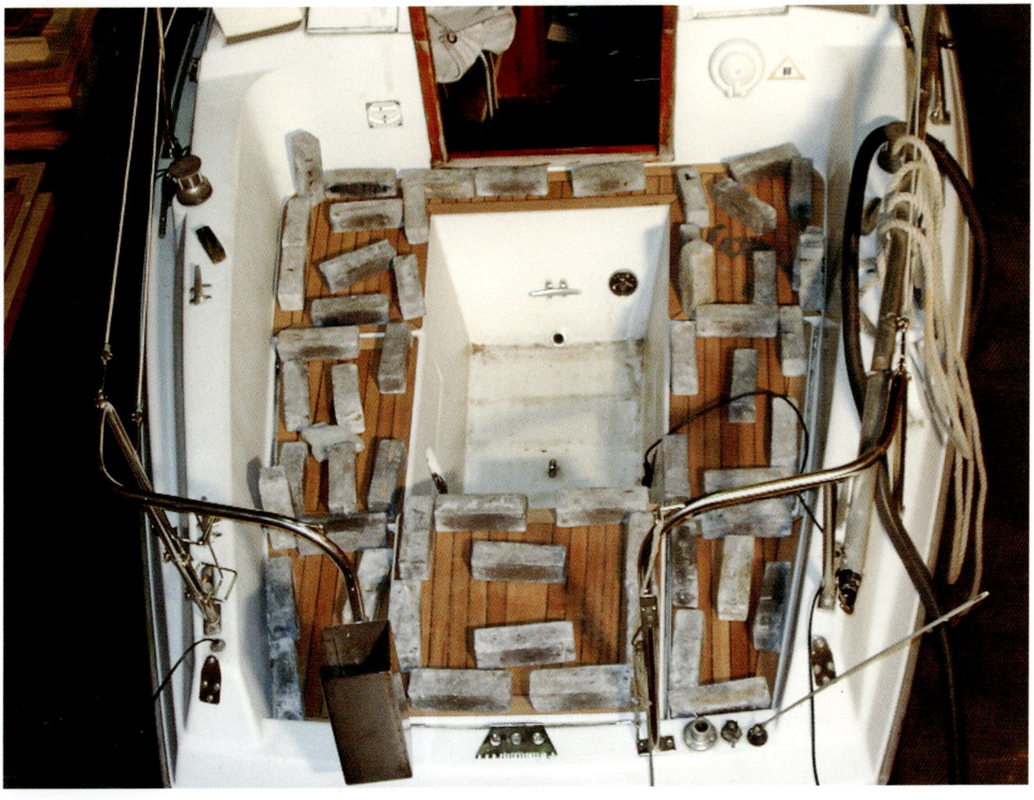

Hier sind die Teakelemente fertig verlegt und mit Gewichten beschwert. (Fotos: Fa. Daniel Georgus)

Anders als im Text beschrieben sind hier die Ränder nicht abgeklebt. Machen Sie das auf jeden Fall.

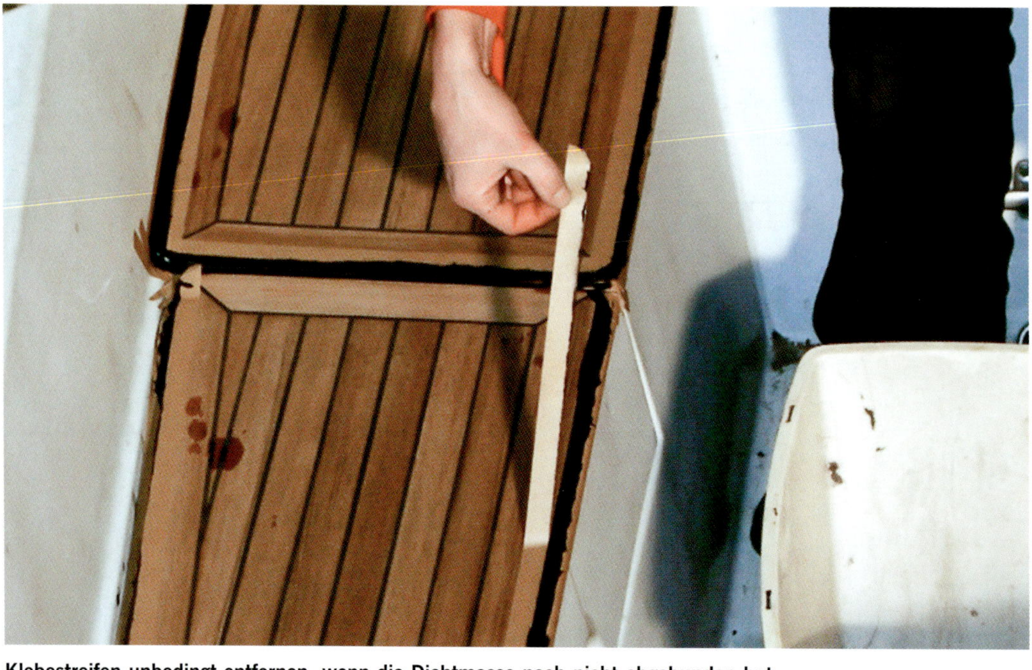

Klebestreifen unbedingt entfernen, wenn die Dichtmasse noch nicht abgebunden hat.
(Fotos: Fa. Daniel Georgus)

hinten?) und die Beschläge selbst zu nummerieren und in einer eigenen Kiste zu sammeln.

Schneiden Sie die Kartonteile zunächst grob zu, sodass sie unfallfrei auf das Deck gelegt werden können. Mit dem Daumen zeichnen Sie die Kanten vor, mit dem Filzschreiber markieren Sie sie endgültig.

Achten Sie auf sorgfältiges Arbeiten gerade bei Aussparungen, etwa für Winschen oder Klampen. Im Zweifelsfall ist es besser, eine Schablone noch einmal anzugehen, als eine misslungene mit Korrekturmarkierungen zu versehen.

Es schadet nichts, die Teile des Decks selbst zu beschriften, damit es nachher keine Verwirrung beim Zuordnen von Teakteilen zur entsprechenden Stelle gibt.

Für Sie ist es einfacher, die Schablone aus mehreren Stücken zu fertigen, die sich einzeln gut handhaben lassen. Für den Teakdecklieferanten ist es besser, eine ganze Schablone für eine Bordseite zu haben. Sie verbinden diese Anforderungen, indem Sie die fertigen Teilstücke mit Klebeband aneinander kleben. Das sollten Sie tun, damit die aneinandergefügten Einzelstücke auch den Transport und das anschließende Ausrollen verkraften, Achten Sie darauf, die Kartenkanten mit Klebeband zu verstärken.

Zur Sicherheit »verlegen« Sie die Schablone mit Klebeband so, wie nachher auch das fertige Deck liegen soll – und kontrollieren Sie pingelig, ob Sie alle Flächen abgedeckt haben, die abgedeckt werden sollen.

Sollten irgendwelche Hinweise nötig sein, können Sie die direkt auf die Schablone schreiben.

Das fertige Stück rollen Sie versandfertig zusammen und schicken es an Ihren Zulieferer.

Tipp:

- Wenn man es sich nicht zutraut, kann man die Schablonenfertigung auch dem Anbieter der Puzzledecks überlassen. Das macht die Sache natürlich teurer.

Die Verlegung der angelieferten Teile klappt, vorausgesetzt, Sie haben alle nötigen Werkzeuge und Material bereit liegen. Das gilt besonders für die Gewichte beziehungsweise die Sandsäcke, die Sie benötigen, um die Decksteile anzupressen. Aber der Reihe nach:

- Zunächst legen Sie die fertigen Teile ohne Kleber auf Ihr Deck auf und überprüfen, ob alles passt.
- Danach wird das Deck gesäubert und dann der Kleber mit dem Zahnspachtel aufgetragen.
- Das Teakelement wird nun aufgelegt und mit den Gewichten beschwert.
- Arbeiten Sie von hinten nach vorne.
- Danach werden die Fugen ausgespritzt.
- Die Fugenmasse wird vom Deck abgetragen.
- Jetzt noch die Kanten mit Fugenmasse abdichten.

Beim Auflegen der Fertigteile prüfen Sie zunächst, ob irgendwo nachgearbeitet werden muss – das ist häufig der Fall. Bei kleineren Fehlern reicht das Nachschleifen mit dem Schleifklotz, bei größeren muss eine gefühlvoll geführte Schleifmaschine ran.

Bevor Sie den Kleber auftragen, kleben Sie die Ränder ab. So vermeiden Sie, dass Kleber über die Ränder hinaus verstrichen wird, und Sie haben außerdem die genaue Lage für die Fertigteile hinreichend gekennzeichnet.

Bevor Ihr Deck fertig ist, müssen nun noch die Ränder abgedichtet werden. Dazu ist erneutes Abkleben nötig. Die Fugenmasse wird aufgebracht und mit einem feuchten Finger geglättet (halten Sie dafür die kleine Schüssel mit Wasser bereit).

Entfernen Sie das Klebeband sofort nach den Arbeiten.

Seitenschwerter herstellen

Benötigtes Werkzeug und Material:
Gut ein Dutzend Schraubzwingen, gezinkte Eichenbretter, seewasserfester Bootsleim, Bandsäge, Bandschleifgerät, Schleifpapier von grob bis fein (60 bis etwa 320).

Plattbodenschiffe sind in den Niederlanden sehr beliebte Boote. Sie werden zur Charter eingesetzt, aber auch als Eignerboote – in allen Größen.

In der *de Helling Werft* im niederländischen Heeg konnten wir zusehen, wie ein gebrochenes Schwert durch ein neues ersetzt worden ist.

Die Seitenschwerter sind bei den Plattbodenschiffen vitale und schwere Teile, die sehr stabil sein müssen – und auch sind.

Dieses Kapitel ist aber nicht nur für Plattbodenschiffeigner interessant, denn hier kann man sehen, wie eine haltbare Verbindungen aus Brettern hergestellt wird. Massive Eichenbretter, die radial geschnitten sind, geben dem neuen Schwert die grundlegende Form.

Damit die Bretter gut aneinander halten, wurde eine Verzahnung eingefräst. Der Fachmann nennt das »verzinken«. Die dafür nötigen Maschinen hat kaum ein Bootseigner und längst nicht jeder Tischler oder Zimmermann parat. Deswegen geben Sie diese Arbeit besser einem Fachmann in Auftrag. Man kann auch darüber nachdenken, den radialen Zuschnitt der Bretter durch einen Fachmann ausführen zu lassen. Den Rest können Sie selbst bewältigen.

Es fängt damit an, die Bretter wasserfest zu verleimen. Wischen Sie überschüssigen Leim ab, solange das noch geht. Ist er ausgehärtet, wird die Reinigungsarbeit deutlich mühevoller.

Das Ende des alten Schwertes …

… und der Anfang des neuen.

Die Verzinkung sorgt für die Stabilität der Verbindung.

Was Sie jetzt noch benötigen, ist eine plane Fläche und Zwingen zum einspannen und einpressen der frisch verleimten Bretter.

Ein Problem ist die runde Form des Schwertes: Es ist immer schwerer, eine saubere runde Form auszusägen, als eine gerade Linie. Neben Erfah-

Bretter in Schraubzwingen.

Zugesägt und schon einmal geschliffen.

rung verlangt diese Arbeit nach ausgezeichnetem Werkzeug – vor allem bei massiven Eichenbrettern. Die Form nimmt man möglichst vom Original ab. Ansonsten beschafft man sich Pläne und zeichnet den Verlauf des Schnittes an.

Nachdem der Leim ausgehärtet ist, kommt das Schleifen: 60er Korn, dann 80er Korn, dann feineres für die Lackierung. Die Werft setzt auf sieben Schichten. Immerhin sind die Schwerter ständig dem Wasser ausgesetzt, und benötigen einen sehr guten Schutz.

Unter Deck

Ablage im Vorschiff

bis

Benötigtes Werkzeug und Material:
Starker Karton (zur Schablonenerstellung), Schere, Sperrholz, Säge, Schleifpapier, Lack, Klebstoff.

Sie können hier noch seitliche Begrenzungen an der Platte anbringen, damit sich die abgelegten Gegenstände nicht an der Reffleine verheddern.

Es kommt vor, dass die Staumöglichkeiten im Vorschiff nicht ausgereizt sind. Das kleine Dreieck vorne wird gelegentlich vergessen, dabei lässt sich dort mit wenig Aufwand eine zusätzliche Ablage bauen.

Das Hauptproblem ist dabei – je nachdem, wie eng es im Vorschiff zugeht, eine genaue Schablone zu erstellen. Nehmen Sie dazu möglichst starken Karton, den Sie mit einer Schere noch bearbeiten

Bestandsaufnahme: Da soll die Ablage hinein. Die Mechanik der Rollanlage darf nicht gestört werden.

Die erste Schablone muss noch korrigiert werden. Das liegt an der ungünstigen Arbeitsposition. Kriechend und liegend im Vorschiff fehlt Bewegungsfreiheit.

können. Die Schablone soll Ihnen nachher die Maße des benötigten Sperrholzbrettes als Grundplatte für die Ablage liefern. Je dünner der Karton ist, desto eher knickt oder wellt er sich, sodass das Ergebnis ungenau wird.

Ebenso wichtig ist es, die Höhe an der Bordwand anzuzeichnen, in der das Brett verlegt werden soll. Gerade im Bugbereich verjüngt sich das Boot stark nach unten. Je nach Arbeitssituation kann einen das Anfertigen der Schablone ganz schön zum Fluchen bringen. Wenn Sie an einer Stelle aus Versehen etwas zu viel von der Schablone weggenommen haben, können Sie das kompensieren: Kleben Sie ein Stück Pappe an der fehlenden Stelle wieder auf, um die Lücke zwischen Schablone und Bordwand zu füllen.

Haben Sie die Grundform der Platte, dann können Sie die gesamte Ablage außerhalb des Boots zusammenbauen, was wesentlich bequemer ist als sich im Vorschiff mit halbfertigen Teilen und Werkzeug zu quälen.

In dem Beispiel habe ich die Ablage für einen 15er Jollenkreuzer gebaut, dessen Vorschiff man nur kriechend erreicht. Erschwerend kommt hinzu, dass die Rollreffanlage für das Vorsegel im Vorschiff untergebracht ist. Das muss berücksichtigt werden: Zum einen muss die Ablage ohne großen Aufwand wieder herausnehmbar sein, damit man an die Stelle später noch herankommt. Zum anderen braucht die Ablage hinten eine Leiste, damit sich der gestaute Inhalt nicht in die Rollmechanik wickeln kann.

Des Weiteren muss Freiraum für die Reffleine eingeplant werden. Sie ist hier als Endlosleine ausgeführt und muss sauber laufen können. Hierbei ist zu beachten, dass die Reffleine bei der Bedienung schwingt – der Freiraum sollte also großzügig bemessen sein.

Das alles wird bei Ihnen anders ein. Ich weise nur deswegen darauf hin, weil man hier sehen kann, wie wichtig es ist, nicht einfach nur etwas ins Boot einzubauen, sondern vorher gut zu überlegen, was Sie mit Ihrem Einbau noch alles festlegen. Ein Stichwort ist dabei die Wartungsmöglichkeit von Teilen, die letztlich zugebaut sind.

Das Bauprinzip ist recht einfach: An die Bordwand werden zwei Leisten geklebt, auf denen die Grundplatte aufliegt. Am vorderen Abschluss wird links und rechts ebenfalls je eine Leiste angebracht, die der Verblendung den nötigen festen Sitz gibt. Die Blende bekommt einen halbkreisförmigen oder eckigen Eingriff. Da beides nicht schwierig herzustellen ist, richten Sie sich am besten danach, wie solche

Die tragenden Leisten für einen sauberen Abschluss anzeichnen.

Aufgaben ansonsten in Ihrem Boot gelöst sind. Sind Rundungen in Schwalbennestern vorherrschend, ist es rein optisch schöner, dabei zu bleiben.

Da der Jollenkreuzer zur Aussteifung der Deckskonstruktion vorne mehrere Verstärkungen hat, die sich als Wölbungen abzeichnen, verzichte ich darauf, einen sauberen Abschluss der Blende nach oben aus dem Sperrholz herauszuschnippeln: Es ist einfacher, die Blende von vornherein nur halb oder zweidrittelhoch auszulegen. Das genügt, um die gestauten Gegenstände daran zu hindern, aus der Ablage herauszufallen.

Die Blende erfüllt außerdem die Aufgabe, die lose aufliegende Platte am Herausrutschen zu hindern. Sie können Sie mit Muttern oder Flügelschrauben befestigen. Flügelschrauben sehen dafür zwar nicht sehr gut aus, aber hier geht Funktionalität vor. Schließlich muss die Platte mit wenig Aufwand zu entfernen sein, damit Sie im Bedarfsfall an die Rollmechanik herankommen.

So sieht die Ablage von unten aus.

Was bei dieser Arbeit schiefgehen kann:

- Die Trapezform der Ablage hat ihre Tücken: Schneiden Sie etwas zu viel am Ablagebrett weg, passt es nur noch, wenn Sie es weiter nach vorne ins Vorschiff schieben. Dadurch ändert sich aber die Position Ihres Einbaus, und das kann alle anderen Überlegungen, die Sie getroffen haben, über den Haufen werfen. Die beste Vorsorge ist hier, ausgesprochen pingelig bei der Schablonenanfertigung zu arbeiten.
- Am Ende passt die fertige Ablage doch nicht genau. Die Konstruktion von mehr oder minder unregelmäßig geformten Teilen, die am Ende genau passen sollen, kann das räumliche Vorstellungsvermögen überfordern. Hier hilft einzig, immer wieder alles zu überprüfen. Leimen Sie die Ablage nicht voreilig zusammen. Sie können die einzelnen Teile auch mit Nägelchen provisorisch zusammenheften und dann im Boot nachsehen, ob alles so ist, wie es sein soll. Das kostet Zeit, bewahrt aber vor der Enttäuschung, ein geleimtes und lackiertes Stück mit einem Zentimeter zu viel oder zu wenig an einer komplizierten Stelle zu haben.

Erweiterung der Vorschiffskoje

bis

Benötigtes Werkzeug und Material:
Sperrholzbrett von etwa 15 mm Stärke, Leisten, Leim, Schrauben, Abschlussleisten, Säge, Bohrer. Eventuell zusätzliches Polster für die neue Fläche, Lack.

Foto: Hermann Mahlert

Kojen im Vorschiff haben häufig eine Aussparung zum Salon hin. Das macht durchaus Sinn – so schaffen die Konstrukteure in der beengten Vorschiffskabine Platz zum Aufstehen, Sitzen und Umziehen und Sie können gleichzeitig die Schlaffläche links und rechts so lang wie möglich ziehen. Aber lang ist manchmal nicht lang genug, vor allem, wenn die Liegefläche schmal bemessen ist. Es kann auch sein, dass Sie ein Camping-WC im Vorschiff unterbringen und dessen Existenz gnädig verdecken wollen. In diesen Fällen brauchen Sie eine Ergänzung der Liegefläche.

Grundsätzlich geht das relativ einfach mit einem Sperrholzbrett von etwa 15 mm Stärke. Das setzen Sie auf angeleimte Leisten.

Sie benötigen noch eine Abschlussleiste, denn das Polsterelement braucht Halt, sowie eine kleine Verriegelung für das Brett, damit es nicht herausrutschen kann.

Die Arbeitsschritte:

- Die unnötige Abschlussleiste in dem Ausschnitt akkurat absägen. Benutzen Sie ein feines Sägeblatt.

Die Abschlussleisten sind hier nicht nur Zierde – sie müssen auch die Polster halten ...

... deswegen kann es sinnvoll sein, das Sperrholzbrett mit einer Leiste zu verstärken.
Fotos: Hermann Mahlert

- Das Sperrholzbrett zusägen und die Abschlussleiste anleimen- und schrauben.
- Die Leisten anbringen und mit einer Aufnahmebohrung für die Verriegelung versehen.
- Die Verriegelung am Sperrholzbrett montieren.

Wenn Sie die Maße für das Brett nehmen, achten Sie darauf, sie um die Stärke der noch vorhandenen Abschlussleiste zu ergänzen.

Die tragenden Leisten für das Brett leimen und schrauben Sie an. Auch hier ist sauberes Arbeiten wichtig, denn es soll keinen Niveauunterschied zwischen der Platte und der eingebauten Liegefläche geben.

Die Leiste braucht noch eine Bohrung, um später den Verschluss aufnehmen zu können. Es kommt nicht darauf an, ob die Riegel ein paar Zentimeter weiter vorne oder hinten sitzen, deswegen können Sie hier nach Augenmaß vorgehen – sie sollten aber bequem erreichbar sein. Halten Sie die Riegel an der Unterseite der Sperrholzplatte an und kontrollieren Sie so, wo die Bohrung für den Verschlussbolzen sitzen muss. Alternativ zur Bohrung können Sie auch einen Verschluss kaufen, der ein Gegenstück hat, um den Bolzen aufzunehmen. Dann werden Sie für den Riegel einen kleinen Sockel aus Restholz aufleimen müssen, der die Stärke der Leiste hat.

Feinarbeit ist nötig, um die Abschlussleiste genau an die Lücke anzupassen, in die sie hinein soll. Sie haben die Wahl: Sägen Sie die Kanten rechtwinklig auf Stoß, ist die Sägearbeit etwas einfacher, man sieht aber einen vorhandenen Spalt deutlicher. Sie können sich auch entscheiden, die Kante auf 45 Grad zuzusägen und das Anschlussstück entsprechend anzupassen.

Eine andere Alternative besteht im Mut zur Lücke: Sie trennen die Abschlussleisten, die Sie vom ursprünglichen Rand der Koje sowieso nicht mehr brauchen, so sauber wie möglich ab und verwenden ein gerades Stück als neue Abschlussleiste für das Brett. Die Länge wird nicht ausreichen, deshalb lassen Sie links und rechts eine Lücke. Die Aufgabe, das Polster zu halten wird auch so erfüllt. Die Ecken können Sie jeweils rundschleifen und das rohe Holz mit etwas Lack aufarbeiten.

Tipp:

- Das Sperrholzbrett muss in Holzart und Qualität nicht unbedingt hochwertig sein. Es wird schließlich später durch das Polster verdeckt und ist damit unsichtbar. Die Abschlussleiste sollte allerdings in Holz und Form den schon vorhandenen Leisten so gut wie möglich gleichen.
- Es wird nicht ganz einfach sein, die neue Abschlussleiste optisch der vorhandenen anzugleichen. Rechnen Sie damit, dass es nicht ganz deckungsgleich aussehen wird.
- Kalkulieren Sie ein, dass ein Polster für das Element fällig wird und nehmen Sie auch dafür die Maße. Polster anfertigen zu lassen, ist allerdings nicht ganz billig.
- So ein zusätzliches Brett hat die unangenehme Eigenart, störend herumzuliegen, wenn es an seinem Platz nicht gebraucht wird. Machen Sie sich beim Bau direkt Gedanken dazu, wo man es gut verstauen kann.

Einbau von Schwalbennestern

bis

je nach Aufwand, den man treiben will.

Benötigtes Werkzeug und Material:
Sperrholzbretter, Leim, Marineklebstoff, Säge, unter Umständen einen Hobel. Eventuell Leisten oder auch vorgefertigte Abschlussleisten.

Das ist eine sehr einfach gehaltene Version eines Schwalbennestes – aber auch sie erfüllt ihren Zweck.

Schwalbennester, also Ablagen für alles Mögliche von Kleinkram bis zu Büchern, kann man in verschiedenen Ausführungen bauen. Am einfachsten ist ein mehr oder minder simples Regalbrett mit einer Leiste als Rutschhindernis davor. Man kann statt der Leiste auch eine Verblendung mit Eingriff herstellen, oder ein komplettes Regal mit verschließbaren Türen.

Am besten bauen Sie ein Schwalbennest so, dass es in sich stabil ist, dann stellt sich nur noch die Frage nach der Befestigung. Die Holzart bestimmen Sie danach, welches Holz in Ihrem Boot den Innenraum prägt – dann fügt es sich auch harmonisch ein.

Die Konstruktion lässt sich nach diesem Prinzip eigentlich immer realisieren: ein Bodenbrett, ein, zwei oder mehrere senkrechte Unterteilungen, Seitenbegrenzungen und dazu ein Deckbrett. Das Deckbrett macht Ihr Regal stabil und ist empfehlenswert, wenn Sie schwere Gegenstände wie zum Beispiel Bücher unterbringen wollen – ansonsten ist es auch verzichtbar.

Was Sie jetzt noch benötigen ist ein Stopper der verhindert, dass Ihre Bücher bei Lage oder Seegang aus dem Regal purzeln. Neben der Leiste unten kann das auch ein gerundeter Eingriff sein. Eine harmonische Rundung erreichen Sie mit einer dünnen Leiste, die Sie zur Formgebung nutzen. Im Bootsbau spricht man von einer »strakenden Linie«, die dazu als Werkzeug benutzte Leiste nennt man »Straklatte«. Harmonisch ist eine solche Linie dann, wenn keine plötzlichen Änderungen im Radius auftreten und die Form dem Auge natürlich erscheint. Das erreichen Sie, indem Sie sich das natürliche Biegungsverhalten der Straklatte zunutze machen. Eine gut gewachsene Straklatte gehört

Simpel und effektiv: Das Netz beult aus, wenn man es mit Gepäck füllt …

zum Handwerkszeug im Bootsbau. Sie hat an jeder Stelle die annähernd gleiche Flexibilität und die Rundung ergibt sich praktisch von alleine. Außerdem ist das Arbeiten mit strakenden Linien ein hübsches Indiz dafür, dass der Mensch Formen als harmonisch empfindet, wenn sie einen natürlichen Ursprung haben.

Um die strakende Linie anzeichnen zu können ist es nötig, die Straklatte mit Nägelchen zu fixieren. Das Arbeiten mit einer Straklatte oder -leiste kommt in diesem Buch auch in dem Kapitel über die geschwungene Ruderpinne vor.

Eine entscheidende Frage ist, wie man sein neues Regal im Boot befestigt. Einfach ist die Befesti-

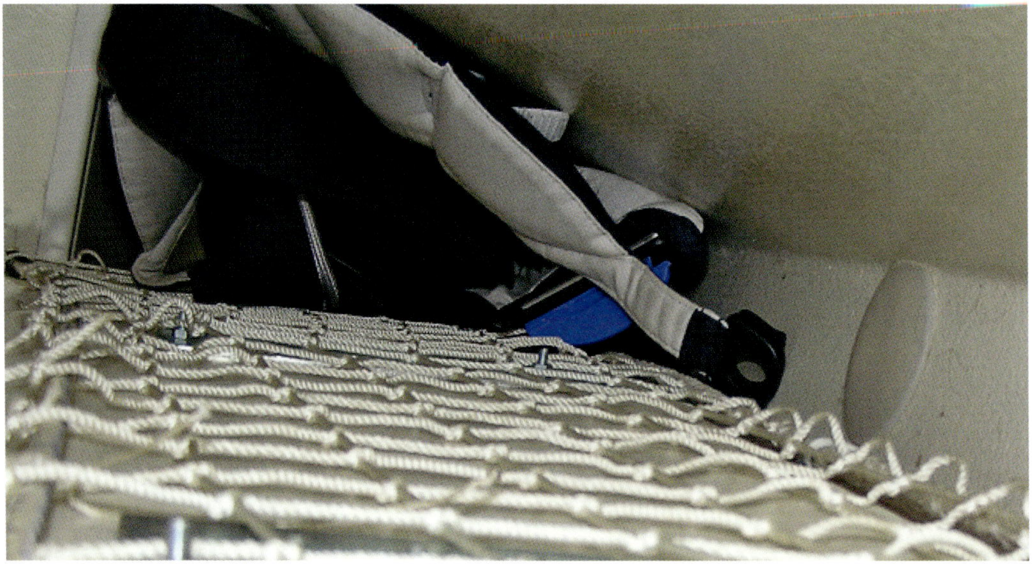

… das stützende Brett mit Scharnier verhindert das dagegen.

gung, wenn das Regal von vorne herein an die fest einlaminierten Holzteile passt; dann genügen ein paar ordentlich dimensionierte Schrauben. Schwieriger ist es, wenn praktisch nur die nackte Bordwand zur Verfügung steht. In die setzt man ungern auf Geratewohl ein paar Schrauben ein. Das gilt auch, wenn Ihr Boot eine GFK-Innenschale hat, denn die ist häufig nicht stark genug, um Schrauben zu halten.

Am besten nehmen Sie hier Epoxidkleber, um ein paar Holzleisten als tragende Grundlage anzubringen. Sie können die Leisten auch sauber anlaminieren. Dazu ist es wichtig, den GFK-Untergrund ordentlich anzuschleifen. Einzelheiten sind im Kapitel »Schottwände anlaminieren« beschrieben.

Tipps und Hinweise:

- In vielen Fällen sind die Rundungen des Bootes innen durch die Verkleidungen weggefallen. Aber eben nicht in allen Fällen. Wenn Sie Ihr Regal den Rundungen der Bordwand anpassen müssen, dann hilft nur gefühlvolles Hobeln mithilfe einer Schablone.

Eine interessante Variante zum Thema Ablage hat mir der Etap-Segler Holger Zengerle aus Süddeutschland beschrieben:

»Auf kleineren Booten sind im Vorschiff gerne nur schmale Ablagen an den Seiten, die mit einem kleinen Randbrett versehen sind, damit die abgelegten Dinge nicht runterrutschen.

In unserem Fall war zusätzlich noch ein Netz gespannt, um mehr ablegen zu können, ohne dass es bei Lage herunterfällt.

Im Vorschiff haben wir überwiegend Klamotten liegen, die dann gerne im Netz hängen. Mit der Zeit verliert sich auch ein wenig die Ordnung der Ablage, sodass es schnell unordentlich aussieht. Damit hier wieder ein wenig mehr Ordnung ins Bordleben einziehen kann, musste also eine Alternative zum Netz her.

Es könnten nun aufwendige Seitenschapps mit Türchen oder Klappen gebaut werden. Es sollte jedoch eine einfache Lösung werden, da gegebenenfalls das Boot nicht allzu lange in unserem Besitz sein könnte. Ebenso sollte es leicht gebaut sein, da die Montagegegebenheiten bei uns nicht ideal sind.

Besorgt wurde also ein 3 mm dickes Sperrholzbrett. Für die Befestigung verwendete ich 5 cm breite Lochstahlplatten. Zunächst musste wie üblich gemessen werden, um die Sperrholzbretter zusägen zu können. Da das Vorschiff nicht allzu hoch ist, kommt bei uns vorne der Ankerkasten schon vertieft in das Vorschiff, sodass diese Höhe, also die Schräge, ebenso berücksichtigt werden musste.

Nachdem die Maße genommen wurden, ging es an das Aussägen mit einer handelsüblichen Kreissäge. Diese ist hier notwendig, um einen sauberen Schnitt auf eine Länge von ca. 1.2 zu bekommen. Im Anschluss wurden die abgenommenen Maße der Schräge (bedingt durch den Ankerkasten) angezeichnet und mit einer Laubsäge abgesägt. In meinem Fall hätte auch eine große, feine Bügelsäge verwendet werden können. Diese war aber nicht vorhanden.

Die durch die abgesägte Schräge entstandenen Ecken werden anschließend sauber abgerundet, damit eine harmonische Optik passend zu den vorhandenen Randbrettern entsteht.

Die gesägten Kanten können dann noch mit einem mittelfeinen Schleifpapier abgerundet werden um diese zu entschärfen. Mit einem feinen Schleifpapier werden anschließend noch die Oberflächen geschliffen, damit diese ebenfalls schön sauber und glatt wird.

Je nach Holzmaserung wäre man jetzt im Grunde mit der Platte fertig. Da unsere Maserung und Farbe der Sperrholzplatte nicht zur restlichen Einrichtung passte, habe ich diese noch mit hell-elfenbeinfarbenem Acryllack lackiert.

Nun mussten noch die Halterungen gefertigt werden. Denn wenn das Schappbrett senkrecht nach oben montiert werden würde, wäre zu wenig Platz, um dahinter zu greifen und auch um anständig die Klamotten verstauen zu können. Also mussten die Lochstahlplatten angebogen werden.

Die Stärke der Biegung habe ich nach Gefühl durchgeführt, da hier keine genaue Gradzahl notwendig war. Im Endeffekt war es nur eine leichte Biegung. Dazu spannt man das Blech in einen Schraubstock ein und biegt es mit der Hand zu sich heran, bis die gewünschte Biegung erreicht ist.

Sind alle Haltebleche gebogen, werden diese auf die fertigen Bretter gelegt, um die Löcher anzeichnen und bohren zu können. Mit einer Bohrmaschine oder einem Akkuschrauber werden nun die zu den Schrauben passenden Löcher gebohrt. Ebenso müssen diese in die bereits vorhandenen Randbretter gebohrt werden. Ist das alles erfolgt, kann die Montage in das Vorschiff erfolgen. So hält ohne großen Aufwand Ordnung in das Vorschiff.«

Kartentisch

Benötigtes Werkzeug und Material:
Grundplatten aus Sperrholz 64 x 47. Einmal in 4 mm Stärke und einmal in 8 mm Stärke. Die Art des Sperrholzes wählen Sie so, dass sie zur vohandenen Inneneinrichtung passt.
Leisten von 15 mm Stärke und 3 cm Breite. Einmal 64 cm lang, zweimal 45,5 cm lang. Und zwei kurze Stücke etwa 21 cm lang (hier kommt es nicht so genau darauf an).
Dazu Anschlussleisten von 4 mm Stärke. Einmal 65 cm lang und 5 cm breit. Zweimal 47 cm lang und 5 cm breit.
Bandsäge (oder Stichsäge), Oberfräse, Schleifpapier. Klarlack.

Skippers Traum: Ein Kartentisch vom Feinsten – leider nicht überall eingebaut.

Immer häufiger bemängeln Bootstester, dass an Neubooten kein Kartentisch mehr zu finden ist. Das ist bedauerlich, aber aus Sicht der Werften durchaus nachvollziehbar. Zunehmend gehen Skipper dazu über, elektronisch per Plotter zu navigieren – wozu also den wertvollen Platz im Bootsinneren für einen Kartentisch verbrauchen?

Ich halte einen Kartentisch nach wie vor für sinnvoll. Zwar steht bei mir auch ein Plotter auf dem Boot, und ich mag ihn in engen sich schlän-

Roh und ungeschminkt: Der Kartentisch einfach zusammengelegt.

gelnden Fahrwassern nicht missen, aber für den großen Überblick ist die Papierkarte nach wie vor das Beste. Die Törnplanung ist auf der Papierkarte nicht so fummelig wie auf dem Plotter. Der elektronische Spielanreiz des Plotters verschleiert übrigens die Tatsache, dass Kontrast und Ablesbarkeit des Papiers bei hellem Sonnenlicht über jeden Zweifel erhaben sind …

Wer (gerade auf kleinen Booten) keinen Kartentisch hat, kann sich einen bauen. Das Problem liegt

Der untere Teil ohne Platte.

weniger in der Konstruktion – die ist in diesem Fall sehr einfach gehalten – es liegt mehr darin, einen Platz zu finden, wo man ihn denn auch unterbringen kann. Hier gibt es keine allgemeingültigen Ratschläge, wohl aber ein paar Tipps die auf fast jedem Boot weiterhelfen dürften.

Zum Kartentisch.
Um den Bedarf an Platz möglichst gering zu halten, verwenden wir möglichst geringe Materialstärken.

Die üblichen Sportbootkarten messen etwa 61 x 44 cm mit ihrer Plastikhülle. Soviel Platz muss also sein, damit man mit den Karten arbeiten kann. Unser Kartentisch wird nur wenig mehr Platz brauchen, etwa 65 x 47 cm. Die Höhe liegt bei 5 cm. Außerdem bauen wir ihn so, dass wir ein oder zwei weitere Kartensätze unterbringen können.

Die einfache Konstruktion erlaubt es, den Tisch relativ einfach an die unterschiedlichen Einbauvoraussetzungen anzupassen.

Die Arbeitsschritte für unser Basismodell:

- Tischplatte und Grundplatte zurechtsägen (lassen),
- einen Ausschnitt in die Grundplatte sägen,
- die benötigten Leisten zurechtschneiden,
- die kurzen Leistenstücke mit der Oberflächenfräse profilieren,
- die Einzelteile zusammenbauen und lackieren.

Vor dem Zusammenbau legen Sie am besten alle Teile einmal so zusammen, wie es nachher aussehen soll. Das ist wichtig, falls Sie Modifikationen vornehmen, um der Einbausituation auf Ihrem Boot gerecht zu werden.

Schleifen Sie alle Holzstücke mit feinem Schleifpapier sauber. Achten Sie aber darauf, Kanten, die später außen sichtbar aufeinandertreffen, nicht zu brechen.

Für die Grundplatte brauchen Sie noch einen weiteren Bearbeitungsschritt - das ist eine kleine Aussparung. Sie soll dafür sorgen, dass man die im Schubfach liegenden Karten besser greifen und herausholen kann. Wenn Sie schon einen Kartentisch selbst bauen, können Sie an dieser Stelle auch eine Maßanfertigung vornehmen, und die Aussparung an Ihre Handbreite anpassen. Bei mir waren es insgesamt rund 16 cm bei 3 cm Tiefe.

Nun werden die Rahmenleisten auf die 4-mm-Platte geleimt.

Danach kommen die kurzen Leistenstücke an ihren Platz. Sie dienen dazu, das Herausrutschen der Karte bei Seegang zu verhindern. Dazu müssen sie einerseits eine kleine Kante haben, andererseits muss oberhalb der Kante das Profil abgerundet sein, damit Sie die Karte bequem aus dem Schubfach herausnehmen können. Das Profil schaffen Sie mit einer Oberfräse. Welches Profil Sie genau wählen, ist etwas Gefühlssache. Ich habe mich für dieses hier entschieden:

Bevor Sie weitermachen, steht die Entscheidung, ob Ihr Kartentisch auch innen lackiert werden soll – dann ist jetzt der richtige Zeitpunkt dafür, denn wenn die Platte für den Kartentisch einmal aufgesetzt ist, kommen Sie innen nicht mehr an die Flächen heran.

Kommt das nicht in Frage, und wollen Sie die 8-mm-Platte für die Karte auch nicht mit Klavierband klappbar haben, können Sie Sie ebenfalls aufleimen.

Die Abschlussleisten zum Verblenden sehen besser aus, wenn Sie sie ein wenig abrunden. Das geht gut mit einer Bandsäge und etwas schwieriger mit einer Stichsäge und Schleifpapier.

Die Abschlussleisten können geleimt und mit Messingnägeln oder Schrauben befestigt werden. Die Nägelchen oder Schrauben sorgen dafür, dass Sie die doch recht empfindlichen dünnen Leisten nicht mit der Zwinge anpressen müssen.

Profil: es soll das Rutschen der Karte verhindern.

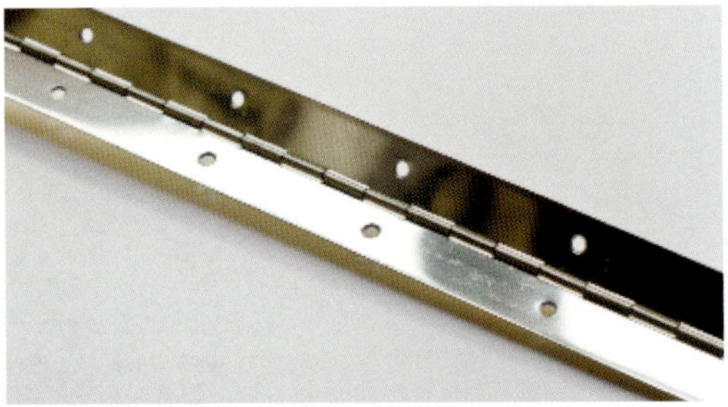

Klavierband hilft, die Tischplatte klappbar zu gestalten.

Der fertige Tisch lässt Variationen zu. So kann man auf einzelne Abschlussleisten verzichten, um ihn an zwei Ecken aufzulegen oder in eine Halterung einzuschieben. Wer mag, kann den Deckel auch klappbar gestalten – nötig ist es wegen des Einschubs mit Stopper nicht.

Haben Sie alles richtig gemacht, stehen die Anschlussleisten etwas nach oben über – das sollen sie auch, denn so verhindern sie, dass die Karte herunterrutschen kann.

Zum Schluss können Sie Ihren Tisch mit Klarlack und Rolle lackieren.

Einbauvariationen:

1. Zum Auflegen

Das ist relativ einfach gemacht, wenn Sie die Situation haben, dass Ihr verfügbarer Platz über Eck geht: Dann bringen Sie zwei Stützleisten an, und Sie können den Tisch einfach auflegen. Damit er nicht verrutscht, können Sie vier Bohrungen anbringen, die durch die aufliegende Tischkante in die Stützleisten hineingehen. Mit Bolzen oder Holzstiften lässt sich der Tisch dann fixieren.

2. Mit Einschubfach.

Das funktioniert ähnlich wie die Variation Nummer eins, nur dass Sie oberhalb des Tisches ebenfalls noch Leisten anbringen, Sie erhalten dann ein paar Zentimeter, in die Sie den Kartentisch einschieben können. Hier sollten Sie an den Einschubkanten auf die Abschlussleiste verzichten.

3. Mit Scharnier

Geben die Platzverhältnisse es her, können Sie den Kartentisch mit einem Scharnier klappbar anbringen. In dem Fall benötigen Sie noch eine Arretierung, damit er nicht wieder herunterfällt. Das lässt sich über zwei Riegel realisieren.

Wenn Sie sich für diese Variante entscheiden, können Sie überlegen, auf eine oder zwei der Abschlussleisten zu verzichten.

Eine Überlegung wert ist es auch die Variante, den klappbaren Tisch an zwei Ketten aufzuhängen.

Tipp:

Sie können den Tisch auch so ausführen, dass die Fläche, auf der die Karte aufliegt selbst klappbar ist. Das ist mit Klavierband einfach gemacht. Da das Klavierband ein paar Millimeter aufträgt, müssen Sie die 64 cm lange Leiste entsprechend herunter hobeln. Oder Sie ersparen sich diese Arbeit und gleichen den Niveauunterschied durch Filzstreifen auf den anliegenden Leisten aus.

Abschlussleisten von der Stange

Egal, ob Sie etwa einen Tisch neu anfertigen, Rahmen für Schwalbennester ausschneiden oder einen Türrahmen geschnitten haben: Richtig schön wird die Arbeit erst, wenn man anstelle der Schnittkanten eine Abschlussleiste sieht. Diese verdeckt auch kleinere Ungenauigkeiten, die beim Aussägen entstanden sind.

Für kleinere Innenradien, wie etwa bei einem Schwalbennest, kann eine Abschlusskante aus Kunststoff einen brauchbaren Rahmen abgeben. Sie finden sie im Baumarkt in allen benötigten Größen und Farben als Meterware. Das ist nicht so edel wie eine Holzleiste, geht aber auch.

Ebenso bietet der Fachhandel eine kaum übersehbare Auswahl an Abschlussleisten aus Holz an – auch Rundungen in verschiedenen Radien.

Nicht schön, passiert aber mal: verschnitten – eine Abschlussleiste kann es kaschieren.

Abschlussleisten selbst gefertigt

bis

Benötigtes Werkzeug und Material:
Schraubzwingen in ausreichender Anzahl (je nach Werkstück unterschiedlich), Lochsäge, Form zum Lamellieren, kochwasserfester Leim, Epoxi- oder PU-Leim für außen, Weißleim für Inneneinbauten, Säge, Schleifgerät, Schleifpapier, Holzleisten von etwa 0,6 mm (Furnier) bis 3 mm (Sperrholz) Stärke.

Es ist typisch für Arbeiten an Booten, dass man zu maßgeschneiderten Lösungen greifen muss. Haben Sie Schwalbennester aus einem Sperrholzbrett gesägt oder einen kompletten Türrahmen, kann es gut sein, dass Sie mit Abschlussleisten aus dem Handel nicht zurechtkommen können – dann bleibt auch hier nur die aufwendige Maßfertigung übrig.

Dafür bietet sich an, eine Arbeitsweise aus einem vorherigen Kapitel zu übernehmen: So wie sich eine beliebig geschwungene Pinne aus Leisten lamellieren lässt, so lässt sich grundsätzlich auch eine Abschlussleiste herstellen. Der Schritt, der noch dazu kommt, ist das Fräsen einer Nut oder einer Falz, damit sich die Leiste in den Rahmen einpassen lässt.

Eine Nut ist eine Vertiefung mit Rändern an beiden Seiten. Das funktioniert allerdings nur, wenn Sie genügend Platz haben, Ihre Abschlussleiste einzuarbeiten. Wollen Sie etwa ein relativ kleines, kreisrundes Loch mit einem Abschuss versehen, dann werden Sie feststellen, dass Sie das Holz gar nicht einpassen können. Hier empfiehlt sich eine Falz – die ist zu einer Seite offen, und Sie können Ihre Abschlussleiste bequem einsetzen. So gefertigte Abschlussleisten sind optisch ausgesprochen überzeugend.

Bei der Bickerwerft im westfälischen Ahlen-Dolberg ist das gang und gäbe. Die typischen Boote mit Kunststoffrumpf und Holzaufbauten entstehen dort komplett in Handarbeit. Auch die Inneneinrichtung wird handgefertigt – und dabei spielt eben

So sieht eine fast fertige lamellierte Abschlussleiste im Querschnitt aus. Alternativ kann man eine Falz anstelle einer Nut einarbeiten (lassen).

auch die Herstellung von Abschlussleisten aus Lamellen eine Rolle. Bootsbaumeister Sven Wehrenbrecht macht das tagtäglich, und er hat einen großen Vorteil Ihnen gegenüber: Die benötigten Formen zum Lamellieren sind auf Lager und müssen nur hervorgeholt werden.

Alle anderen müssen eine Form herstellen. Wenn Sie beispielsweise Schwalbennester ausgesägt haben, dann haben Sie auch eine Grundlage zur Formherstellung – nämlich die Stücke, die Sie ausgeschnitten haben. Legen Sie zwei oder drei Ausschnittstücke übereinander und vergleichen Sie die Passform; die Stücke müssen übereinstimmen. Ein paar Millimeter Toleranz können die fertigen Abschlussleisten ausgleichen. Die Platten werden nun aufeinandergeleimt. Bohren Sie nun mit der Lochsäge Löcher von etwa 40 mm Durchmesser. Die benötigen Sie, um Ansatzpunkte für die Klemmbacken der Schraubzwingen zu haben.

Die zweite Möglichkeit, eine Form herzustellen, besteht darin, verschiebbare Böcke zu nehmen, um die genaue Passform hinzubekommen. Wie das erreicht wird, ist in dem Kapitel »Ruderpinne neu anfertigen – lamellieren« beschrieben.

Die genaue Stärke der Lamellen hängt davon ab, wie eng die Radien sind, die Sie bewältigen wollen. Mit einem Furnier von 6 mm können Sie einen Radius von 20 mm sauber rund bekommen. Allerdings müssen Sie dann entsprechend mehr Schichten aufeinanderleimen.

Je größer der Radius wird, desto stärker dürfen die Lamellen sein.

Der nächste Arbeitsschritt besteht darin, die Leisten mit Leim einzustreichen und mit Schraubzwingen an die Form zu schmiegen. Achten Sie darauf, dass die Klemmbacken nie direkt auf dem Werkstück klemmen, sondern dass ein kleines Stück Restholz als Puffer angebracht wird. Setzen Sie die Schraubzwingen zunächst an einem Radius an. Von da aus verschieben sich die Leisten jeweils nach außen, je genauer sie durch die Zwingen in Form gebracht werden. Es ist auch wichtig, immer mit Überlängen zu arbeiten: Durch die Rundungen ergeben sich bei jeder Schicht andere Längen für die Leisten. Es ist einfacher, überschüssiges Material abzusägen als noch welches anzuflicken.

Die Form hat noch Hölzer angeleimt: So kann man die Lamellen beim Auflegen ausrichten.

Das Ergebnis lassen Sie eine Nacht an die Form gepresst.

»Die federn ein bisschen zurück«, warnt Wehrenbrecht. Dieses Zurückspringen lässt sich kaum berechnen. Man lebt damit und drückt und ruckelt ein bisschen mit Fingerspitzengefühl, damit es passt.

Nun müssen Sie noch die Nut oder die Falz einfräsen. Das lässt man besser beim Bootsbauer oder beim Tischler machen – der hat das passende leistungsfähige Werkzeug und die notwendige Erfahrung. Die Stärke der Nut muss mit der Stärke des Rahmens korrespondieren. Eingeklebt wird die Abschlussleiste mit dem von Ihnen gewählten Leim – abhängig davon, ob sie innen angebracht wird oder ob sie draußen dem Wetter standhalten muss. Danach steht das Schleifen und Lackieren an.

Schwierigkeiten, die bei dieser Arbeit auftreten können:

- Beim Einpassen in die Form verschieben sich die Lamellen gegeneinander. Das können Sie korrigieren, indem Sie einen Holzhammer und ein Stück Restholz nehmen. Das Restholz dient auch hier als Puffer, damit die Hammerschläge die Leisten nicht beschädigen.

Vor allem an den Rundungen setzt man die Zwingen eng nebeneinander.

Wegerung einbauen

Benötigtes Werkzeug und Material:
Holzleisten von ca. 3 mm für die Unterkonstruktion und als Wegerungsleisten. Epoxidharz und Härter, Klebmasse, kleine Schrauben, Öl oder Lack zur Behandlung der Leisten. Hilfshölzer zum Anpressen der Unterkonstruktion direkt nach dem Verkleben.

Auf diesem Holzboot ist die Wegerung halb fertig gebaut – auf GFK lässt sie sich ebenso gut bauen.

Eine Wegerung ist nichts anderes als eine Verkleidung mit längs laufenden Holzeisten. Sie macht aus einer kahlen GFK-Wand ein gemütliches, schiffstypisch wirkendes Inneres.

Bereits bei der Planung sollte man bedenken, dass zwischen Wegerung und Bordwand Luft zirkulieren und Kondenswasser ablaufen kann. Aus diesem Grund empfiehlt es sich auch, die Leisten der Wegerung nicht zu eng zu setzen, sondern einen Spalt von wenigen Millimetern zu lassen.

Im wesentlichen ist Folgendes zu tun: Da man die Leisten schlecht an die Bordwand nageln kann, benötigen Sie eine Unterkonstruktion aus Holz, in der die Wegerungsleisten verschraubt werden können.

Dann hängen Sie die Leisten selbst ab, behandeln Sie nach Wunsch mit Lack oder Öl und schrauben sie an.

Unterkonstruktion

Es geht darum, die Unterkonstruktion gut an die mehr oder weniger gerundete Bordwand anzuschmiegen. Das erreichen Sie sehr gut, indem Sie etwa 3 mm starke Leisten senkrecht anbringen und sie nach und nach aufeinanderkleben, bis Sie die gewünschte Stärke erreicht haben. Der Abstand zwischen diesen Hilfsspanten sollte etwa 25 cm betragen. Sie können das ruhig ein wenig variieren – wichtig ist auch, dass jeweils an den Enden Hilfsspanten sitzen, damit die Wegerungsleisten nachher nicht zu weit überstehen und tendenziell durch Bruch gefährdet sind. Der GFK-Rumpf sollte leicht angeschliffen sein. Die ersten Leisten befestigen Sie mit Klebmasse (Handelsnamen: Sikaflex, Saba, Pantera ...) am Rumpf. Fixieren und pressen Sie sie mit Hilfshölzern an, indem Sie sie verklemmen.

Ist die Klebmasse ausgehärtet, bringen Sie die weiteren Leisten jeweils Schicht für Schicht mit Epoxidkleber auf. Auch hier sollten Sie zu Fixierhilfen greifen.

Die Unterkonstruktion behandeln Sie mit Lack oder Öl, damit das Holz nicht von Kondenswasser angegriffen wird. Die Wegerungsleisten können Sie der Bequemlichkeit halber außenbords lackieren oder ölen, und sie anschließend anbringen. Sind die Streifen der Unterkonstruktion eng genug gesetzt, folgt die Wegerung schön der Rundung des Bootes, und die einzelnen Schrauben müssen dann auch nicht zu viel halten.

Schottwände anlaminieren

bis

Benötigtes Werkzeug und Material:
Bootsbausperrholz für das Schott, Epoxidharz oder Polyesterharz, Glasfasermatte 450 g/m^2 für Polyester, Gewebe für Epoxid, Polyesterspachtel, Scheibenroller, Farbrolle, Stichsäge, Handschuhe (!), Atemschutz (!), Schleifmaschine / Flex, Schleifpapier, Haftvermittler (z.B. unter dem Handelsnamen G4 zu bekommen), Topcoat oder Paraffin.

Ein Schott anzulaminieren ist eigentlich eine überschaubare Arbeit, da es darum geht, ein passendes Stück Bootsbausperrholz fest mit dem Rumpf zu verbinden. Eine Laminierung sorgt für eine ausgesprochen feste Verbindung. Andererseits stecken die Tücken im Detail: Diese Arbeit habe ich bei der Bickerwerft angesehen und dokumentiert. Da es sich hier um den Neubau eines Schiffes handelt, waren die Bedingungen für das anlaminieren optimal. Das Boot hatte noch kein Deck und bis auf die grundlegenden Holzinnenkonstruktionen stand und lag nichts im Weg, was die Arbeit erschweren könnte.

Als Bootseigner, der im Nachhinein etwas anlaminieren möchte, hat man mit dem Gegenteil zu kämpfen. Das Boot ist komplett eingerichtet, man arbeitet mit den unangenehmen Harzdämpfen in einem geschlossenen Raum. Trotzdem kommt es vor, dass etwa ein angegriffenes Schott ausgewechselt werden muss. Für diesen Fall werden Sie mehr Mühe damit haben, die Stelle frei zu räumen, an der Sie arbeiten wollen, als Sie mit der Ausführung der eigentlichen Arbeit haben.

Die hier beschriebenen Arbeitsvorgänge enthalten auch genügend Informationen, um wesentlich handlichere Teile an die Bordwand zu laminieren.

Die Arbeitsschritte:

- Anflexen der Bordwand per Flex mit 60er Korn.
- Das passend gesägte und geschliffene Schott anpassen und mit Polyesterspachtel an einzelnen Stellen anfixieren.
- Glasfasermatte zurechtschneiden und laminieren
- Die laminierten Streifen mit dem Scheibenroller entlüften.

Pierre Tscherneck bei der Bickerwerft macht diese Arbeit ständig, entsprechend leicht geht sie ihm von der Hand. Ein kleines nicht tragendes Teil wie etwa ein einfaches Schott zum Vorschiff hält er auch für einen Laien für machbar. Aber auch für diesen Fall empfiehlt er, den Umgang mit Holz, Harz und Matte erst an Probestücken zu üben.

Die Form für das Sperrholzbrett haben Sie mit einer Schablone herausgearbeitet – diese Arbeit habe ich schon mehrere Male beschrieben (z.B. im Kapitel »Teakverkleidung für Luken«. Diese Herangehensweise gilt auch hier.)

Bevor Sie Ihr Brett verarbeiten, müssen Sie sich entschieden, ob Sie für die Laminierarbeit mit Epoxid oder Polyesterharz nehmen wollen. Tscherneck: »Polyester auf einen Polyesterrumpf geht gut. Epoxid auf einen Polyesterrumpf geht auch, aber Polyester auf einen Epoxidrumpf hält nicht gut.«

Skipper, die häufig selbst Hand an ihr Boot legen, halten Epoxid für eine Art Zaubermaterial. Das ist es auch in vielen Fällen, aber es ist nun mal teurer als Polyesterharz und schwieriger zu verarbeiten, weil die Raumtemperatur ebenso stimmen muss wie das Mischungsverhältnis von Harz und Härter. In den meisten Fällen werden Sie mit Polyesterharz gut bedient sein.

Ein wichtiger Schritt ist das Anflexen der Bordwand, um sie gründlich aufzurauen. Wenn Sie nur ein paar Mal mit Schleifpapier hin- und herwischen, rächt sich das nachher durch mangelhafte Festigkeit der Verbindung.

Beim Umgang mit Harz, Härter und Glasfaser sollten Sie unbedingt Handschuhe tragen. Das Harz reizt die Haut, außerdem ist eine Glasfasermatte zwar ein hervorragendes Material für den Bootsbau, aber es ist auch ein Sauzeug – die Fasern finden Sie später überall am Körper wieder, und sie jucken unangenehm.

Bereiten Sie mehrere Stücke Glasfasermatte von 450 g/qm vor. (Bei Epoxid nehmen Sie bitte Gewebe.) Orientierungswerte für die Größe der Stücke sind ca. 1m Länge und ca. 10 cm Breite. Insgesamt benötigen Sie mindestens zwei Lagen, eher drei, um eine gute Verbindung herstellen zu können. Je nachdem wie stabil die Verbindung sein muss, nehmen Sie lieber eine Lage mehr als eine zu wenig. Wenn Sie sich für Polyesterharz entschieden haben, können Sie zwischendurch auch eine Lage Gewebe verarbeiten. Schneiden Sie die Glasfaserstücke alle paar Zentimeter ein – so können Sie sie an runden Stellen verlegen, ohne dass sich

Es hilft ungemein, das Schott mit schnell härtendem Polyesterspachtel zu fixieren.

Mit Einschnitten nach diesem Muster lassen sich Rundungen gut laminieren.

das Material bei der Verarbeitung aufwellt und schwer zu beseitigende Lufteinschlüsse hat.

Die erste Herausforderung besteht darin, das mehr oder weniger große Schott genau in die Lage zu bringen, in der Sie es nachher laminieren wollen. Am besten erledigt man diese Arbeit zu zweit. Sehr hilfreich ist es, das Schott an drei oder vier Stellen mit Polyesterspachtel zu fixieren.

Dort, wo das Laminat später halten soll, bereiten Sie den Holzuntergrund mit einem Haftvermittler vor. G4 ist hier das bekannteste Produkt.

Ist das Schott einmal fixiert, ist der Folgeschritt flott fertig: Harz-Härtergemisch auf die Flächen auftragen und die vorbereiteten Glasfaserstücke mit der Hand andrücken. Mit dem Farbroller rollen Sie Harz auf. Anschließend kommt der Scheibenroller

Die Matte mit der Hand andrücken und mit der geharzten Farbrolle sättigen.

Der Scheibenroller hilft, Lufteinschlüssen den Garaus zu machen.

zum Einsatz: Er sorgt dafür, dass sie die unvermeidlichen Lufteinschlüsse aus dem Laminat herausdrücken können. Verlegen Sie zwei Schichten der Matte auf diese Weise

Um einen möglichst sauberen Übergang von der laminierten zur nicht laminierten Fläche zu schaffen, setzen Sie den Scheibenroller sorgsam an den Übergangsstellen ein.

Das Ergebnis Ihres Schaffens lassen Sie jetzt aushärten. Sie werden feststellen, dass hier und da ein paar nicht oder nur halb mit Harz getränkte Glasborsten übrig geblieben sind. Schleifen Sie diese nun weg.

Die letzte Harzschicht sollte aus Harz bestehen, das mit Paraffin versetzt ist; Polyester ist auch nach dem Aushärten immer etwas klebrig. Das Paraffin verhindert das. Genauso gut können Sie Topcoat verwenden; es ist im Wesentlichen nichts anderes als Polyester, das ab dem Herstellungswerk mit Paraffin versetzt worden ist und hat den Vorteil, dass das Mischungsverhältnis in jedem Fall stimmt.

Lassen Sie Ihre fertige Arbeit gut aushärten – und gut auslüften. Dabei ist Epoxid anspruchsvoller als Polyester, es sollte mindestens 14 Tage lang aushärten.

Tipps und was bei dieser Arbeit schiefgehen kann:

- Die Sperrholzbretter sollten nicht auf den hundertstel Millimeter passend an die Bordwand gepresst werden – vor allem dann nicht, wenn Sie mit Polyester arbeiten. Der Grund: Polyester schrumpft beim Aushärten um 10 % und zieht das Holz an die Bordwand. Das unerwünschte Ergebnis kann sein, dass Sie später von außen den Kantenabdruck des Schotts sehen können. Man vermeidet das, indem man zwischen Bordwand und Holzkante einen Spalt von etwa 5 mm zulässt. Wollen Sie ein Hauptschott auswechseln, empfiehlt Pierre Tscherneck, das besser von einer Werft durchführen zu lassen.
- Zu kurze Topfzeiten des angemischten Harzes: Arbeiten Sie mit Polyesterharz, hilft ein Tipp von Fachmann Tscherneck: »Normalerweise soll man dem Harz 2 % Härter zugeben. Ich nehme 1,5 % – dann habe ich eine längere Topfzeit, und am Ende härtet es auch aus.«
- Wenn Sie es sehr gut machen wollen, legen Sie noch einen Schaumstoffstreifen zwischen Schott und Bordwand. Der mindert den Druck und er schafft einen sanfteren Winkel; der Kraftverbund wird nach dem Laminieren besser sein.

Neue Pantry-Arbeitsplatte

Benötigtes Werkzeug und Material:
Kreissäge, Schwingschleifer, Stichsäge, Halbrundfeile, Rundfeile, Schleifpapier, Bohrmaschine, Fräsbohrer oder Lochsäge, 2 Parkettbodenplatten, Silikon oder andere Dichtmasse, Füllkleber, Lack.

Von Holger Zengerle

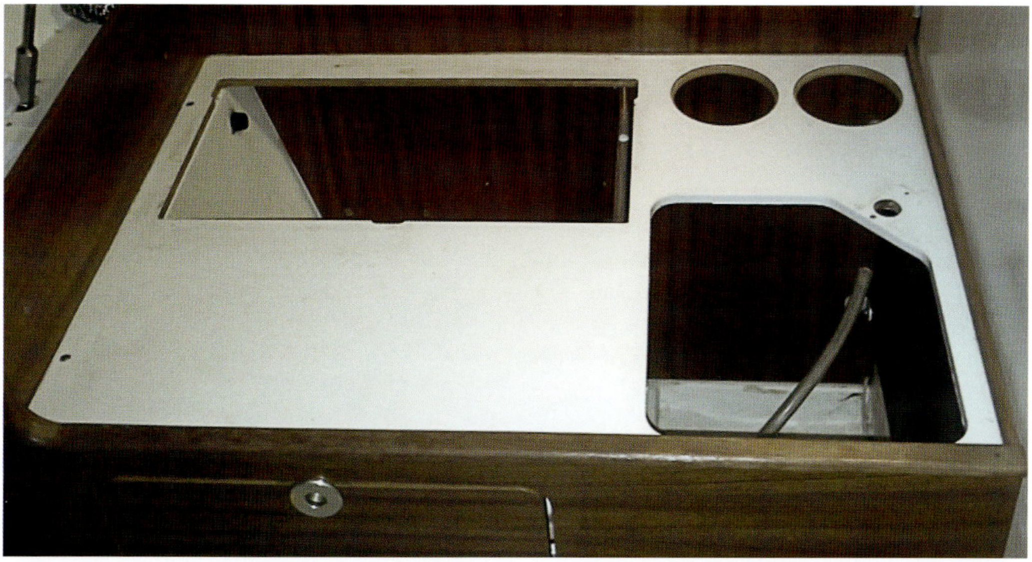

Unser Boot hatte einen Spirituskocher. Wer schon einmal mit Spiritus gekocht hat, weiß, dass hiermit nicht zügig ein schönes Essen gezaubert werden kann. Und damit die gesamte Crew auch was von den schönen Abendstunden an Bord hat, haben wir uns dazu entschieden, den Spirituskocher auszubauen und mit einer Induktionskochplatte zu ersetzen. Da wir mit Kindern eher nicht Ankern werden, haben wir in den Häfen eigentlich immer Strom zur Verfügung. Der Spirituskocher war in der Pantry versenkt eingebaut. Somit klafft nun ein unschönes Loch in der Pantry und die Induktionskochplatte kann auch nicht ordnungsgemäß aufgestellt werden. Es war klar, dass eine neue Pantry-Arbeitsplatte eingebaut werden muss. Da ein Komplettaustausch in unserem Boot eine größere Aktion hervorrufen würde, habe ich mich dazu entschlossen, eine neue Pantry-Platte einfach nur aufzusetzen, die das Loch verdeckt. Ein Vorteil, der daraus resultiert, ist, dass sich die Pantry jederzeit wieder für den Einsatz des Spirituskochers zurückbauen lässt. Jetzt könnte hier ebenfalls mit Holz gearbeitet werden. Allerdings kennt man es von Küchen zu Hause, dass diese nicht gerade leicht sind, wenn passende Holzplatten für Kochzwecke verwendet werden. Schnittfest und gegen Verschüttetes resistent sollten sie sein. Also ging es auf die Suche nach Alternativen. Dabei bin ich auf handelsübliche Parkettbodenplatten gestoßen, wie sie es überall in Bau- oder Fachmärkten zu kaufen gibt. Ich hatte das Glück, 2 Platten mit schöner Maserung als Muster zu bekommen. Somit ist die Arbeitsplatte mit keinen Kosten verbunden. Einfach mal einen Mitarbeiter im Baumarkt auf Muster ansprechen. Ich benötige nur 2 Platten, daher war das absolut ideal. Da Parkettbodenplatten nicht sehr breit sind und die Pantry etwas größer ist als eine Plattenbreitem, hatte ich diese mit Füllkleber (UHU PU MAX) zusammengeklebt. Dieser Kleber ist perfekt dafür geeignet, da er die Stoßfugen sehr gut klebt, gleichzeitig auffüllt und gegen eindringendes Wasser »abdichtet«. Da dieser Kleber im trockenen Zustand schaumförmig ist, hatte ich hier mehrere Füllgänge durchgeführt, bis die Fuge für meinen Geschmack ausreichend gefüllt war.

Fertig ausgetrocknet konnte die Arbeitsplatte mit der Kreissäge in den ausgemessenen Maßen zugeschnitten werden. Am besten führt man die Klebungen einen Tag vorher durch, damit diese über Nacht gut austrocknen können. Da der Parkettboden etwas weicher ist als Holz, hatte ich mich für diese Sägearbeiten für ein feineres Sägeblatt entschieden. Weiter ging es dann mit den Feinanpassungen, damit die Arbeitsplatte genau in den »Rahmen« passt. Um die Seiten gleichmäßig abnehmen zu können, hatte ich dafür einen Schwingschleifer mit mittelfeinem Schleifpapier verwendet. Außerdem können so die Seiten auch gleichmäßig abgenommen werden. Anschließend konnten die Aussparungen für die vorhandenen Flaschenkühler (versenkte becherartige Flaschenhalter), das Wasserhahnloch und die Waschbeckenaussparung angezeichnet werden.

Mit der Stichsäge ging es dann an das Ausschneiden der größeren Aussparungen. Mit der Halbrundfeile wurden anschließend die runden Löcher »gerade« gefeilt, bis die Markierungen erreicht waren. Das Loch für den Wasserhahn hatte ich mit einem Fräsbohrer ausgefräst. Einen Lochkreissäger, wie man es für Steckdosen kennt, hatte ich nicht zur Verfügung, was sicher etwas geeigneter gewesen wäre. Damit die Aussparungen später mit einer sauberen Silikonfuge abgeschlossen werden können, werden die Aussparungen in Richtung Plattenunterseite mit einer Feile abgeschrägt, sodass die Lochmaße auf der Unterseite der Platte größer sind (ca. 6–8 mm) als auf der Oberseite. Abschließend werden die abgeschrägten Aussparungen mit feinem Schleifpapier noch mal geglättet. Die Arbeitsplatte wird zwar mit »Küchen«-Silikon eingeklebt, dennoch habe ich mich dazu entschieden, die ausgesägten Löcher und die Sägeränder mit Lack zu bestreichen. Falls mal etwas umgeschüttet wird, was auf einem Boot schnell mal passieren kann, und das Silikon nicht alles abgedeckt hat, ist das Parkett-Innenmaterial vor dem Eindringen von Nässe geschützt. Ich empfehle, dreimal hier drüber zu lackieren. Sobald alles schön ausgetrocknet ist, kann der Einbau beginnen. Zuerst wird etwas Silikon auf die Unterseite der Arbeitsplatte an den Außenrändern aufgetragen, damit dies in beide Richtungen, nach innen und außen, in den Spalt wandern kann und alles schön sauber abdichtet. Um jede Aussparung wird eine dünne »Wurst« gezogen. Die größeren Auflageflächen werden mit einer Silikon-Schlangenlinie versehen, damit die Platte an diesen Stellen nicht nachgibt.

Jetzt wird die Pantry-Platte auf die alte aufgelegt. Damit die Ränder einen sauberen Abschluss erhalten, wird nun mit dem Silikon eine weitere füllende »Wurst« um jede abgeschrägte Aussparung und an den Rändern gezogen. Mit einem Silikonrakel wird anschließend das überschüssige Silikon abgezogen. So entsteht eine schöne saubere Randkante. Wer zu Hause schon mal in der Küche oder im Bad eine Dichtungsfuge angebracht hat, kennt die Vorgehensweise. Ist das Silikon trocken, kann das Becken und der Wasserhahn wieder montiert werden. Und schon kann der Skipper und die Crew sich wieder über feine Gerichte von der Frau verzaubern lassen.

Tür mit Rahmen

bis

Benötigtes Werkzeug und Material: Sperrholz (z.B. 9 mm), Kreis- oder Bandsäge, Stichsäge, Bohrmaschine, Bohrer, Lochsäge, Schleifpapier, Klarlack, Holzring für das Fingerloch, Scharniere, Schloss und dazugehörige Schrauben, Leisten für den Rahmen des Türblattes.
Zum Befestigen an der Bordwand: Marinekleber (Sika, Tikal, Panterra o. Ä.) oder alternativ Epoxidharz und Matten zum Anlaminieren. In diesem Fall benötigen Sie noch einen Haftvermittler zwischen Holz und Epoxid (Handelsname zum Beispiel G4).

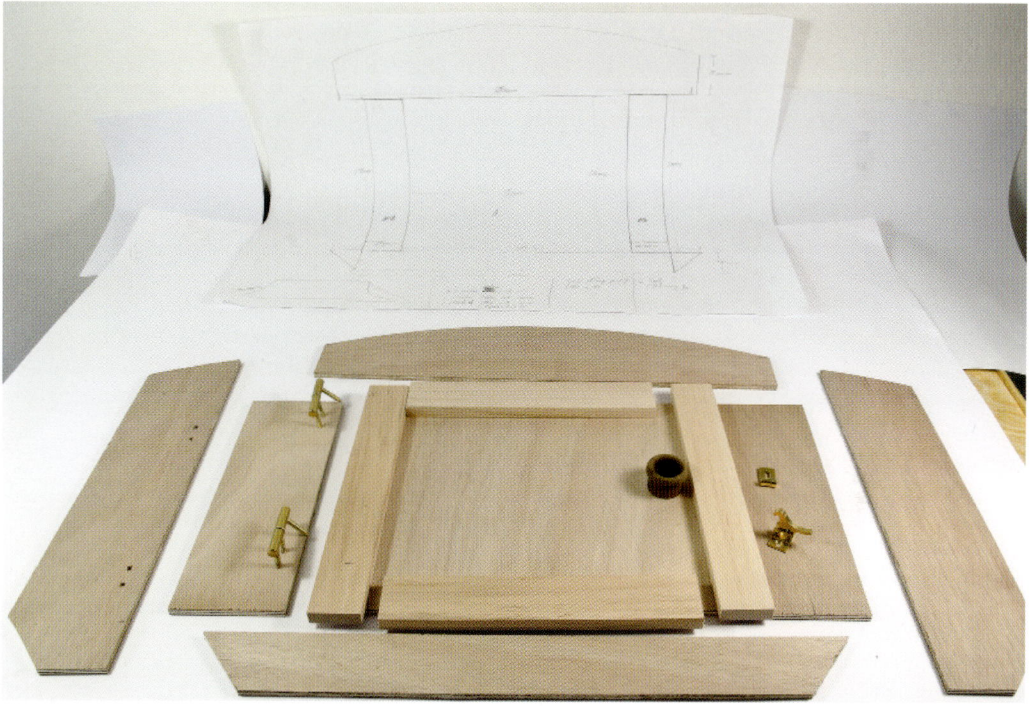

Die Herstellung einer Tür mit dazugehörendem Rahmen ist nicht so schwierig, hier gilt aber einmal mehr: Die Genauigkeit des Messens und des Arbeitens machen den Unterschied zwischen einem gut anschaubaren, sauber funktionierenden Stück und einer windschiefen Fehlkonstruktion aus.

Grundsätzlich können Sie sich dafür entscheiden, den Rahmen aus einem Stück Sperrholz zu machen. In diesem Beispiel habe ich aber mehrere Teilstücke verwendet – das macht es leichter, wenn man sich mal verschnitten hat oder wenn die Passform zur Bordwand hin noch einmal nachgearbeitet werden muss. Im Falle des Falles muss dann nur ein Stück neu geschnitten werden, und der Materialverbrauch hält sich in Grenzen.

Man kann dagegen einwenden, dass ein Rahmen aus einem Stück gefälliger aussieht; das stimmt natürlich. Aber die Lösung mit mehreren »Puzzleteilen« kann optisch auch sehr ansprechend sein.

Sie beginnen wieder mit einer Schablone aus starkem Karton, und die beginnt mit einem festen

Bezugspunkt; ein Lot, um die Senkrechte zu ermitteln ist nicht immer hilfreich, denn es kann sein, dass das Boot nicht ganz gerade auf den Böcken im Winterlager steht oder auf dem Trailer aufliegt.

Gerade ist in aller Regel die Strebe, die den Druck des Masten von unten aufnimmt. Sollte die auf Ihrem Boot nicht existieren, geben Ihnen die anderen Einbauten Hinweise. (Das ist leichter geschrieben als umgesetzt, ich weiß ...)

Die weiteren Arbeitsschritte:

- Die einzelnen Rahmenstücke werden ausgesägt und miteinander verleimt.
- Das Türblatt wird passend gesägt. Achten Sie hierbei auf den Verlauf und die Art der Maserung; es sieht schöner aus, wenn sie mit dem Rahmen harmoniert.
- Mit der Lochsäge bohren Sie den Eingriff für den Fingerschnäpper.
- Die Bohrungen für die Scharniere werden angezeichnet und gebohrt.
- Die Position des Schlosses (Fingerschnäpper) wird festgelegt.
- Die Scharniere werden an den Leistenrahmen angebracht.
- Das Türblatt wird mit dem Leistenrahmen verleimt.

Beim Aussägen der Einzelteile aus der Sperrholzplatte müssen Sie sich noch entscheiden, ob Sie nach dem Standardverfahren vorgehen wollen, oder ob Ihnen die Luxusklasse eher liegt – es geht um die Maserung. Soll die Maserung schön gleichmäßig in eine Richtung laufen, dann müssen Sie Längs- und Querteile entsprechend aussägen – das sorgt automatisch für mehr Verschnitt. In der Standardklasse arbeiten Sie ökonomischer und Ihre Ausschnitte wählen Sie so, dass möglichst wenig Restholz übrig bleibt.

Fertigen Sie aus dem gleichen Sperrholz noch Verbindungsstücke an, um die Einzelteile verleimen zu können. Dadurch wird Ihre Konstruktion bei 9mm-Sperrholz natürlich 18 mm stark.

Schleifen Sie die Einzelteile an den Rändern nicht zu engagiert rund: Sie werden schließlich zusammengeleimt und sollen möglichst fugenlos zusammenpassen. Nehmen Sie 120er oder 180er Papier, um die Kanten zu säubern.

Beim Türblatt achten Sie darauf, dass ein genügend großer Spalt zum Rahmen besteht, damit es später auch schließen kann. Wenn der Spalt am Ende etwas zu groß ist, macht das nicht viel - das Blatt wird ja noch mit Leisten verkleidet, die solche Großzügigkeit kaschieren. Wenn Sie die Leisten einmal probeweise aufgesetzt haben, können Sie sich um das Loch für den Fingerschnäpper kümmern. Kümmern heißt hier: Vergewissern Sie sich, dass Sie das Loch so positionieren, dass Sie das Schloss auch mit dem Finger erreichen können. Die Verkleidungsringe gibt es im Baumarkt oder im Fachhandel; sie werden einfach eingeleimt.

Die Position des Loches muss man mit der Kante der Leisten abstimmen ...

... und mit der Notwendigkeit, auch mit kurzen Fingern den Schäpper erreichen zu können.

Danach kommt der Zeitpunkt, die Bohrungen für die Scharniere genau festzulegen. Wenn Sie die zweimal auf Genauigkeit kontrolliert haben, dann kontrollieren Sie sie am besten noch ein drittes mal. Denn Fehler an dieser Stelle liegen gerne im Millimeterbereich – und das bedeutet, dass man nicht einfach ein zweites Loch bohren kann, wenn das erste nicht gepasst hat. Wenn Sie die Löcher gebohrt haben, können Sie die Einzelteile lackieren. Es reicht, wenn das von der jeweiligen Außenseite geschieht.

Wenn Sie solche Arbeiten nicht jeden Tag machen, treten unweigerlich Ungenauigkeiten auf. Die machen sich besonders bemerkbar, wenn die Tür nachher schief im Rahmen sitzt. Sie machen sich das Leben leichter, wenn Sie den Leistenrahmen für das Türblatt mit den Scharnieren einsetzen, bevor das Blatt angeleimt wird. Kleinere Fehler lassen sich etwas korrigieren – und zwar dadurch, dass

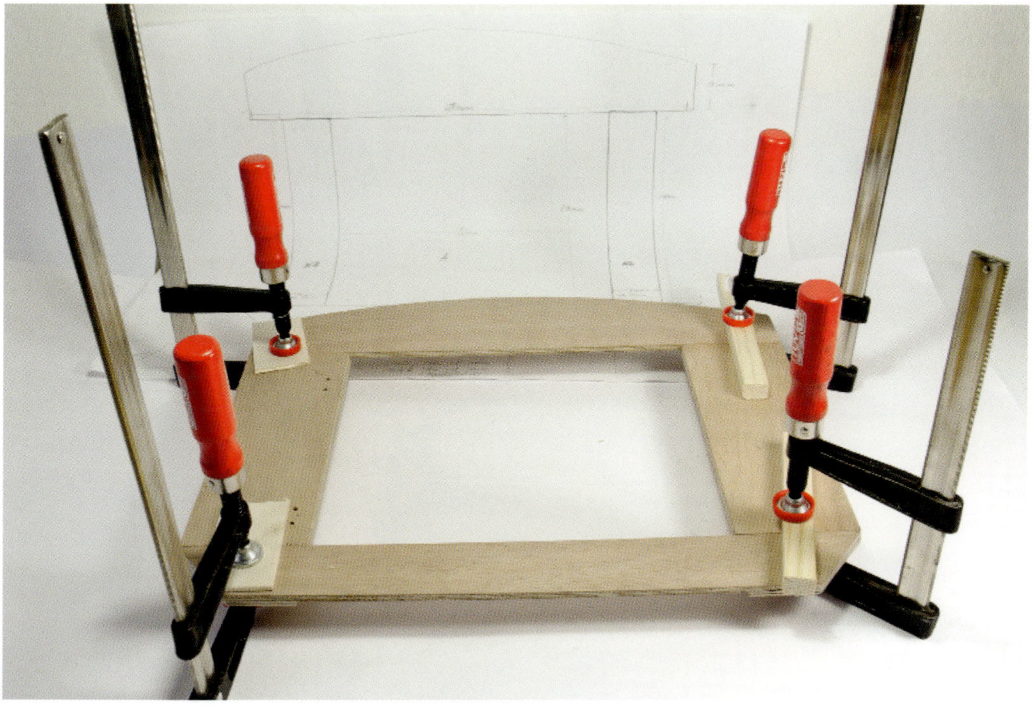

Sind die Teile sauber zugeschnitten, ist das Verleimen im Grunde eine Spielerei.

Um den Schließmechanismus passend einbauen zu können, werden Sie meist mit Restholzstücken arbeiten.

die Bolzen an den Scharnierelementen unterschiedlich tief ins Holz eingesetzt werden.

Nun kommt das Schloss an die Reihe. Machen Sie sich mit Mechanik vertraut und bringen Sie die Teile an. Es ist gut möglich, dass Sie hier mit kleinen Holzresten noch unterfüttern müssen, damit der Fingerschnäpper in sein Gegenstück einrasten kann.

Die Scharniere, die ich verwendet habe, sorgen (im Gegensatz zu Klavierband) dafür, dass man die Tür bequem herausnehmen kann. Das ist sehr hilfreich, um die gesamte Konstruktion im Boot einzupassen. Damit das klappt, benötigen Sie am besten einen Helfer und Stützhölzer, um den Rahmen in seiner Lage zu fixieren. Ebenso nützlich sind kleine Leistenstücke, die an die Bordwand geklebt werden, und die als Haltepunkte und zum anheften dienen. Zeichnen Sie deren Lage am besten an, während Ihr Helfer die Rahmenkonstruktion in Position hält. Nun lässt sich der Rahmen mit PU-Kleber anbauen.

Tipps und Hinweise

- Eine weitere Hilfe, um die Rahmenkonstruktion während des Einbaus zu fixieren, sind kleine Holzkeile zum Klemmen.
- Das Anlaminieren von Holzteilen an die Schottwand habe ich im gleichlautenden Kapitel beschrieben.

Das fertige Teil. Kritik am Stück: Die Leisten um das Türblatt wirken zu klobig. Ich hätte besser schmalere genommen. So was kommt vor.

Flexibler Schlafplatz zusätzlich

Benötigtes Werkzeug und Material:
Sperrholzplatte, Stahlstreben aus dem Baumarkt, PU-Füllkleber. Kreissäge, Bohrmaschine, Laubsäge, Stichsäge, Feile, Schleifpapier, Schraubzwingen.

In vielen kleinen Booten sind oft nur 3-4 Schlafplätze vorhanden. Wenn die Familie jedoch wächst, nicht aber der Geldbeutel dazu, dann bleibt nur die Lösung, einen weiteren Schlafplatz aus dem Boot herauszuholen.

Das stellt oft eine Herausforderung dar, da die Gegebenheiten überall andere sind. Eben genau vor diesem Problem stand Holger Zengerle. Seine Lösung hat er hier beschrieben. Da die Einbausituation von Boot zu Boot unterschiedlich ist, müssen Sie letztlich Ihre eigene Lösung finden. Die Herausforderungen dürften aber ähnlich sein.

- Flexibel muss der Schlafplatz sein, da keine andere Möglichkeit besteht, als den »Salon« zu verwenden. Er muss also auf- und wieder abbaubar sein.
- Stabil muss er sein, da gegebenenfalls alle anderen Crewmitglieder auch mal darüber laufen müssen, um nach draußen zu gelangen.
- Es soll auch so umgesetzt sein, dass bei einem Verkauf kein Bedarf mehr ist, alles wieder in den Originalzustand zu versetzen.

Der Tisch war in diesem Boot etwas zu klein, um ihn als vollwertigen Schlafplatz zu verwenden.

Die Idee:

Von Sitzbank zu Sitzbank werden 3 Stahlstreben (erhältlich im Baumarkt) gelegt, auf die ein zweigeteiltes Brett aufgelegt wird. Darauf legen Sie passend zugeschnittene Polster, Leintuch und Bettdecke und fertig ist das Bett.

Das Grundgerüst bilden zwei Leisten mit Aussparungen für die Stahlstreben.

Anstelle von Stahlstreben können auch U-Schienen (Wandhalterungen) verwendet werden. Hier sollte eben auf die mögliche Last beachtet werden, die diese Streben aushalten müssen.

Ist die Idee einer Umsetzung einmal klar, geht es an die Hölzerwahl. Verbaut ist bisher Mahagoniholz. Da dies aber recht teuer ist bin ich auf Sperrholz ausgewichen, da klar ist, dass wir den 5. Schlafplatz nicht auf Dauer benötigen werden.

Dann geht es an das Ausmessen der Längen und Breiten, um die benötigte Sperrholzplatte zu ermitteln. Die Breite der Platte plus jeweils 10 cm pro Seite sollten die Stahlstreben länger sein, um eine ausreichende Auflagefläche und somit Stabilität zu erzielen.

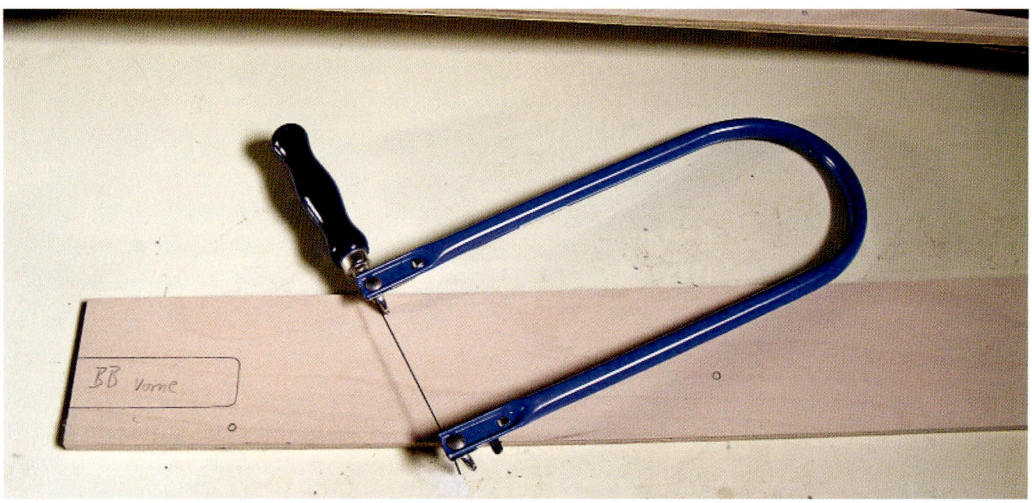

Eine Laubsäge hilft bei den Aussparungen weiter.

Ist die Sperrholzplatte vorhanden, muss sie zurecht gesägt werden.

Benötigt werden in diesem Fall jeweils 2 Seitenleisten, die das Sitzpolster und die Auflagebretter halten und bei Lage nicht rutschen lassen. Die vorhandenen Seitenleisten werden dann mit den neuen ausgetauscht, da darin auch die Aussparungen für die Stahlstreben eingesägt werden müssen.

Mit der Kreissäge werden anhand der ausgemessenen Maße die Leisten und Liegebretter zugesägt. Ist keine Kreissäge vorhanden, kann auch alternativ eine Handsäge verwendet werden. Dazu sollte dann aber dafür gesorgt werden, dass ein gerader Schnitt erfolgen kann. Dies wäre mit einer langen geraden Leiste möglich, die mit Schraubzwingen befestigt wird.

Ich entscheide mich zuerst die Seitenleisten fertig zu machen, um anhand der Endbedingungen die Liegebretter anzupassen.

Die alten Seitenleisten werden abmontiert und als Schablone für die Befestigungslöcher und (wie in unserem Fall) die Stufenaussparung verwendet. Ich lege also die originalen auf die zugesägten Leisten und zeichne die Löcher und Aussparung an. Anschließend werden auch gleich die Löcher gebohrt. Dies ist hilfreich, um die Leisten im Boot montieren zu können und so die Position der Aussparungen für die Stahlstreben besser ermitteln zu können.

Sind die Löcher gebohrt, werden die Leisten wie erwähnt im Boot montiert und die Stahlstreben gleichmäßig (gleiche Abstände ausmessen) verteilt aufgelegt.

Jetzt werden die Aussparungen an beiden Seitenleisten angezeichnet. Wieder abmontiert nehme ich die Laubsäge und säge nun die Aussparungen aus. An Stellen, an denen das direkte Aussägen nicht möglich ist, säge ich jeweils von den Ecken gegenüberliegenden Markierungen in die andere Ecken und feile das übrig gebliebene weg. Anschließend säge ich auch gleich die Aussparung der Treppenstufe aus.

Da in unserem Boot sämtliche Leisten und Einbauten mit größeren Abrundungen versehen sind, zeichne ich diese mit der originalen Leiste (Schablone) an. Dies führe ich jeweils an den Enden der Leisten und den ausgesägten Aussparungen für die Stahlstreben durch. Das Abrunden ist schon deshalb auch notwendig, damit man sich beim Sitzen nicht die Waden oder Schenkel aufreißt und gemütlicher sitzt. Die Abrundungen säge ich ebenfalls mit der Laubsäge zu.

Ist alles zugesägt, montiere ich die Leisten wieder im Boot, um nun die Liegebretter anzupassen. Da wir einen Kielkasten (für den Hubkiel) haben, müssen auch hier Aussparungen angezeichnet und ausgesägt werden.

Gesagt getan. Alles wieder raus aus dem Boot und wieder in die Werkstatt. Mit einer Stichsäge werden nun die Aussparungen für den Kielkasten ausgesägt.

Nun sind alle notwendigen Aussparungen ausgesägt und eine erste Liegeprobe könnte erfolgen. Zunächst geht es aber an die Feinheiten.

Da das Sperrholz nicht die beste Qualität hat sind diverse Löcher in den Pressschichten zum Vorschein gekommen. Diese fülle ich mit einem »Füllkleber« aus, um so zu verhindern, dass Feuchtigkeit, die in einem Boot sehr hoch sein kann, nicht in das Innere des Sperrholzbrettes gelangt, und dieses mit der Zeit aufweicht und kaputt macht.

Als nächstes werden alle Kanten und Rundungen mit der Feile entgratet. Mit einem Schleifpapier (Grobung) in Verbindung mit einem Schleifklotz werden die Entgratungen geschliffen, damit eine saubere abgerundete Kante entsteht.

Zuletzt wird dann noch die Oberfläche der Leisten und Liegebretter geschliffen, damit eine saubere, glatte Fläche entseht. Gefällt einem die Holzart und passt diese zur Inneneinrichtung, kann diese jetzt mit Klarlack lackiert werden. Je nach Geschmack wählt man Matt oder Glanz.

Ich habe mich für ein Elfenbeinweiß entschieden, da das Gelcoat im Boot eine ähnliche Farbe hat und jegliches Braun nicht dem der Inneneinrichtung entsprechen würde.

Fertig montiert gibt alles in allem eine runde Sache ab. Der Zweck wird erfüllt und alle Crewmitglieder können die Nachtruhe genießen.

Kleinigkeiten

Halterung für Gläser im Schapp

Benötigtes Werkzeug und Material:
Sperrholzbrett (Stärke 3 oder 6 mm), Lochsäge, Schleifpapier, zwei Leistenstücke, Leim oder Schrauben.

Gläser im Schapp müssen nicht zwangsläufig bei Seegang hin- und herscheppern. Wenn Sie ein Brett mit Löchern als Zwischenboden einlegen, bleiben die Gläser dort, wo sie hingehören. Die Anfertigung ist wirklich kein Problem.

Sie benötigen ein Sperrholzbrett, das sich von den Maßen nachher in den Schrank einpassen lässt wie ein Zwischenboden. Da man an Bord in aller Regel immer dieselben Gläser hat, nimmt man mit ihnen Maß und zeichnet zunächst die oberen Glasränder als Durchmesser an – so stellen Sie sicher, dass sich die Gläser später nicht berühren. In die angezeichneten Kreise kommt ein zweiter Kreis; der entspricht dem Durchmesser der Gläser etwa auf einem Drittel Höhe von unten gemessen.

Mit der Lochsäge schneiden Sie die benötigten Löcher hinein und schleifen die Ränder sauber.

In das Schapp kommen an die Seiten links und rechts die zwei Leisten, die Sie mit Leim oder mit Schrauben befestigen, und dann kann das Brett eingesetzt werden.

Verteilen Sie die Gläser auf dem Brett und zeichnen Sie den oberen Umfang sowie den Umfang auf etwa einem Drittel der Glashöhe an. Lassen Sie sich nicht davon irritieren, dass auf dem Bild unten angezeichnet wird ...

... das passt zufällig mit dem Durchmesser am oberen Rand. Danach sägen Sie mit der Lochsäge den kleineren Durchmesser aus.

Halterung für Teller im Schapp

Benötigtes Werkzeug und Material:
2 Holzstücke nach Maß, Stärke etwa 3 cm, Rundhölzer, Durchmesser ca. 10 bis 12 mm, entsprechender Bohrer.

Um Teller daran zu hindern, in ihrem Schapp zu verrutschen, hilft eine ebenso einfache wie schnell herzustellende Kleinkonstruktion. Sie nehmen ein Brett von etwa 3 cm Stärke. Darauf zeichnen Sie den maximalen Umfang Ihrer Teller an. Die Idee besteht ganz einfach darin, vier Rundstäbe senkrecht in das Brett einzusetzen und so die Teller in ihrer Position zu halten. Bohren Sie die Löcher vor und setzen Sie die Rundstäbe mit Leim ein.

Unter Umständen müssen Sie das Grundbrett in zwei Hälften teilen, damit Sie es unten in Ihr Schapp einsetzen können.

Sollten Ihre Teller nicht aus Kunststoff sein, sondern aus schwerem Porzellan, dann wählen Sie das Grundbrett und die Rundhölzer jeweils etwas stärker.

Sofern Sie keinen Standbohrer haben, achten Sie darauf, die Bohrung so gerade wie möglich anzusetzen.

Laptop/Notebook fixieren

Benötigtes Werkzeug und Material:
Bohrmaschine (Akkubohrer), Gummibändsel, Bordlaptop zum Maß nehmen, feines Schleifpapier.

Die Zahl an Laptops und Netbooks in der Navigation steigt explosionsartig. Warum auch nicht – die kleinen Tausendsassa hat man häufig sowieso mit, weil man Abends im Hafen im Internet surfen oder Mails lesen will. Für fast jedes Betriebssystem gibt es ein Navigationsprogramm mit Kartensätzen und dazu nützliche Apps wie etwa einen Ankeralarm oder ein AIS-Programm. Die Rechenkiste liefert also als redundantes Navisystem eine Menge Zusatzinformationen und es ist zwar riskant, aber auch gängige Praxis, dass viele den Laptop als Hauptnavigationssystem verwenden. Demgegenüber rüsten die Werften den Platz für die Navigation tendenziell ab. Die Elektronik will untergebracht werden, ein Platz dafür ist aber häufig nicht vorgesehen.

Abhilfe ist schnell gefunden: Vier Löcher und zwei Gummibändsel können das Netbook auf einer Platte fixieren.

Als Ort kann man einen vorhandenen Navigationstisch nehmen, auf kleinen Booten bietet sich aber auch die Holzplatte an, die die Spüle abdeckt. Man benötigt sie im Grunde sowieso nur, um der Pantryeinheit ein gefälligeres Aussehen zu geben. Ob die Platte nun vier kleine Bohrlöcher hat oder

Da das Gummi straff sitzt, sollte es tunlichst nicht über Tasten laufen und auch sonst die Bedienung nicht behindern.

nicht, ist im Grunde egal. Die Variante hat den Vorteil, dass auf Ihrem Navigationstisch weiterhin Platz für die Papierkarte ist.

Nehmen Sie Maß an Ihrem Klapprechner und achten Sie dabei darauf, dass die Gummibändsel später nicht die Bedienung des Gerätes behindern; sie sollten weder über Tasten laufen noch über das Touchpad. Bohren Sie die Löcher und schleifen Sie sie sauber. Wenn Sie mögen, können Sie noch den Versenker benutzen, um die Kanten zu abzumildern. Schleifen Sie die Bohrlöcher sauber, damit die Bändsel nicht so schnell durchscheuern. Unter der Platte werden die Gummis mit einem Achtknoten gestoppt. Spannen Sie die Gummis eher etwas zu straff als zu lose. Die Gummis verlieren irgendwann ihre Spannung, können dann aber problemlos ausgetauscht werden. Wenn Sie einen besonders schweren Laptop benutzen, können Sie über schmale Gurtbänder anstelle der Gummis nachdenken, wie sie etwa als Trageriemen für Rucksäcke Verwendung finden.

Das war es – nichts Schwieriges und ein gutes Stück mehr Sicherheit für Ihre Elektronik.

Damit nachher der Knoten nicht herausrutscht: den passenden Bohrer zum Bändsel nehmen.

Ein einfacher Achtknoten hält das Gummi ausreichend fest.

Trittstufe für den Bug erneuern

Benötigtes Werkzeug und Material:
Teakholzbrett in der benötigten Größe, Bohrer, Schauben und Muttern.

Wenn es eine einfache Möglichkeit gibt, eine Trittstufe am Bug anzubringen, ist sie meist auch schon vorhanden. Aber sie wird eben auch im Laufe der Zeit unansehnlich und kann mal ausgetauscht werden. Ersatz anzufertigen ist einfach: Die alte Stufe abschrauben und direkt als Schablone nehmen, mit der Sie die Größe und Umrisse auf das neue Brett übertragen. Zeichnen Sie jetzt noch die Bohrlöcher an und sägen Sie das Stück aus dem Brett heraus. Als Holz würde ich Teak nehmen. Andere wetterfeste Hölzer gehen natürlich auch, aber Teak muss nicht behandelt und vor allem nicht lackiert werden, zudem ist es rutschhemmend. Die Schrauben versenken Sie besser, damit man auf den glatten Köpfen nicht doch noch ausrutscht.

Flaggstock

Benötigtes Werkzeug und Material:
Rundholz, Bohrer, Schleifpapier, Beschlag für die Aufnahme des Flaggstockes, kleine Klampen.

Der Flaggstock wird am Heck befestigt, und dies nach Möglichkeit mittig.

Außerdem sollte er in einem Winkel von ca. 40° achtern geneigt sein, damit die Nationalflagge auch bei Windstille einigermaßen gut erkennbar ist.

Falls der Flaggstock erneuert werden soll, so kann zunächst einmal ein Besenstiel helfen, um die Position zu testen. Später würde ich auf ein Rundholz zurückgreifen, dessen Enden ich mit Schleifpapier ein wenig abrunde. Was die Höhe des Flaggstocks betrifft, so gibt es auch hier ein Richtmaß: pro Meter Yachtlänge werden 10 cm Flaggstock berechnet. Ein acht Meter langes Boot kann also gut einen Flaggstock von 80 Zentimetern vertragen.

Oben und unten setzen Sie zwei kleine Bohrungen, etwa 4 oder 6 mm; Sie nehmen die Bändsel auf, mit denen die Flagge befestigt wird. Alternativ können Sie anstelle der Bohrungen zwei kleine Klampen ansetzen, an denen die Bändsel belegt werden.

Der Flaggstock trägt nur die Nationalflagge – der richtige Umgang damit gehört zum guten seemännischen Ton.

Stauraum zusätzlich

Benötigtes Werkzeug und Material:
Holzleisten, Sperrholzbrett von etwa 9 mm, Klarlack, Epoxid oder anderer Marinekleber.

An Stauraum herrscht auf Booten eigentlich immer Mangel. Mal ist von vorneherein zu wenig davon da, weil die Konstrukteure lieber noch eine Koje mehr eingeplant haben (ohne einen Hinweis darauf zu geben, wo das zusätzliche Crewmitglied sein Gepäck unterbringen soll). Ein anderes Mal ist er zwar vorhanden, aber etwa in der Backskiste nur in Form großzügig umhüllter Luft. Mit dem Ergebnis, dass Sie den Raum nicht ausnutzen können, denn entweder verhindern empfindliche Einbauten wie eine Heizungsanlage, dass man den Raum bepacken kann, oder Sie müssen eine Menge Zeug beiseite räumen, um unten an ein gesuchtes Teil zu kommen. Dabei ist es einfach, die Sache ein wenig zu strukturieren: Teilen Sie Ihren Stauraum selbst auf.

Sie benötigen ein paar Leisten, etwas Epoxidkleber oder anderen Marinekleber und ein zugeschnittenes Brett.

Denken Sie daran, den Untergrund für das Aufbringen des Klebers gut anzuschleifen; richtig schiefgehen kann ansonsten eigentlich nichts.

Sie können die Leisten in passenden Winkeln zuschneiden oder, wie hier im Bild, einfach mit ein paar untergelegten Restholzstücken arbeiten. Mit dieser herausnehmbaren Ablage schützt der Eigner in diesem Fall seine eingebaute Heizung vor Beschädigungen durch andere Inhalte der Backskiste auf seiner Bavaria 30. An seine Heizung kommt er für Instandhaltungsarbeiten trotzdem heran.

Ein paar Leisten sind schnell angebracht …

… die Sperrholzplatte schützt die Installation.

Maststütze für das Kajütdach

Benötigtes Werkzeug und Material:
Bandsäge, Schleifpapier, Lack, Winkel aus Metallblech. Sperrholz oder OSB-Platte für das Musterstück und ca. 35 mm starkes Holz für das fertige Stück, Moosgummi und Klebstoff dafür.

Auf manchen Revieren sind es die Segler gewohnt, alle Nase lang den Mast legen zu müssen. Die Boote sind danach ausgewählt; das Legen des Masten ist relativ einfach möglich. Aber auch im Winterlager ist es hilfreich, wenn man den Mast gut lagern kann.

Eine Maststütze kann man dann gut brauchen und sie ist nicht schwierig anzufertigen.

Das Foto oben möchte ich in erster Linie zum Anlass nehmen, sich ein paar Gedanken über die Arbeiten zu machen, wie Sie an einem Boot interessant sein könnten. Warum macht man sich überhaupt die Mühe, eigene Konstruktionen zu entwickeln? Klar – einerseits, weil individuelle Lösungen schlicht und ergreifend die besten sind, andererseits, weil man selbst daran beteiligt (und auch ein bisschen Stolz) sein kann und genau weiß, wo sich eventuelle Schwachstellen befinden könnten.

Außer Frage steht, dass man bei jeder Art von Arbeit beginnt, das eigene Boot mit ganz anderen Augen zu sehen, und viel besser kennenzulernen. Sicherlich versucht manch einer auch durch Eigenbau den einen oder anderen Cent zu sparen, was oftmals eine Milchmädchenrechnung ergibt. Da sollte man schon die handwerklichen Fähigkeiten richtig einschätzen und im Vergleich dazu lieber ein Angebot einer Werft einholen.

Holz, GFK, Stahl und Aluminium sind die Materialen, aus denen heutzutage hauptsächlich Boote hergestellt werden. Auch wenn hier das Thema

Holz ist, so sollte man gelegentlich über den Tellerrand schauen und überlegen, ob für diesen oder jenen Zweck auch eines der anderen Materialien infrage kommt. Das Schauen über den eigenen Bootsrand hinaus ist immer eine gute Sache. Beim Stehlen mit den Augen findet man immer wieder neue Ideen oder Techniken, die das Leben an Bord praktikabler machen könnten. Gelegentlich sieht man Konstruktionen, die man prima auf das eigene Boot übertragen kann. Umso besser, wenn man dann noch mit dem Stegnachbarn darüber ins Gespräch kommen kann. Dieser Aspekt ist nicht zu unterschätzen: Viele Anregungen bekommt man im Dialog mit Gleichgesinnten.

Die Maststütze, die auf dem Foto oben zu sehen ist, habe ich nicht selber gebaut. Sie ist mir einfach bei einem Besuch des benachbarten Segelclubs ins Auge gefallen. Ich möchte sie als Beispiel dafür nehmen, dass man zunächst nur durch Ansicht Ideen geliefert bekommt. Ich empfinde so etwas als gebratene Taube, die mir in den Mund fliegt. Wenn im Leben doch alles so einfach wäre.

Und sicherlich wollen Sie jetzt auch wissen, wie ich solch eine Maststütze gebaut hätte. Nun, das sind meine theoretischen Überlegungen:

Das wichtigste Werkzeug ist Hirnschmalz und ein Maßband. Die Voraussetzungen auf verschiedenen Booten sind unterschiedlich, und Sie müssen gut überlegen, um ein brauchbares Stück zu bekommen.

Zu finden und zu berücksichtigen sind:

- Die Auflagepunkte an Deck für Ihre Konstruktion.
- Die benötigte ȳreite.
- Die benötigte Mindesthöhe, sodass zum Beispiel auch die Enden der Salinge nicht am Kajütdach kratzen.
- Die optimale Position der Maststütze, sodass der Mast auch da Halt hat, wo der Halt benötigt wird. Das wird häufig auf Höhe des Schiebeluks sein.
- Das Mastprofil.
- Die Staumöglichkeit für die fertige Stütze.

Machen Sie sich eine Zeichnung, die alle diese Punkte berücksichtig, und fertigen Sie ein Musterstück aus Sperrholz oder einer OSB-Platte oder ähnlichem Werkstoff an, der nicht allzu teuer ist. Das Musterstück muss nicht schön sein, sondern es soll die verschiedenen Anforderungen berücksichtigen. Machen Sie eine Probe an Ihrem Boot und nehmen Sie nötigenfalls Korrekturen vor.

Haben Sie das beendet, können Sie das Musterstück nehmen, um eine endgültige Form zu zeichnen. Da das Holz relativ stark sein muss, um stabil genug zu sein, empfiehlt es sich, die Form mit einer Bandsäge herauszuarbeiten. Haben Sie keine Bandsäge, können Sie diese Arbeit auch bei einem Schreiner in Auftrag geben.

Montieren Sie mit je zwei Winkelblechen die Auflagen und lackieren Sie das ganze gut.

Die Aufnahme für das Mastprofil und die Auflageflächen können Sie mit Moosgummi bekleben, um Mast und Deck zu schützen.

Tipps:

- Prüfen Sie lieber einmal mehr als einmal zu wenig, ob Ihre Konstruktion auch praxisgerecht ist.
- Häufig benötigt man außerdem noch eine weitere Stütze, die den Mast am achteren Ende des Cockpits hält. Die einfachste Lösung dafür sind zwei Latten, die etwa im oberen Viertel mit Schraube und Mutter verbunden werden, sodass sie wie ein zusammenlegbares Andreaskreuz aussehen. Diese Stütze wird automatisch durch die Begrenzung des Cockpits an einer weiteren Entfaltung gehindert. Achten Sie bei der Konstruktion darauf, dass noch genügend Bewegungsfreiheit für die Ruderpinne bleibt.
- Sowohl die Stütze am Kajütdach als auch die am Cockpit kann man in simpelster, rein funktionalen Form herstellen, als auch liebevoll abgerundet. Versuchen Sie sich zunächst an den einfachen Formen; die können zu einem späteren Zeitpunkt immer noch als Musterstücke für aufwendigere Arbeiten herhalten.

Die Maststütze können Sie noch aufwerten. Wie wäre es, sie klappbar zu konstruieren, oder auch zum Zusammenstecken, damit sie leichter gestaut werden kann? Denken Sie nach, entwickeln Sie Ideen. Das bedeutet zum Beispiel, Techniken, die Sie an ganz anderer Stelle in diesem Buch (oder anderswo) gesehen haben, auf Ihr aktuelles Vorhaben zu übertragen und so zu kombinierten Lösungen zu kommen. Und seien Sie etwas tolerant mit sich: Fehler werden Sie unweigerlich machen. Sie werden sogar ärgerliche Fehler machen, die nur mit größerem Aufwand behoben werden können. Der Ärger darüber lässt sich am besten vermeiden, wenn Sie Fehler als unbedingt nötige Schritte ansehen, aus denen Sie lernen. Mit das Schönste am Selbermachen ist, dass man nachher schlauer ist und weiß, wie es geht.

Dankeschön an:

Susanne Plohmann
Wenn es auch mit Fotos zu unübersichtlich wird, hat sie Zeichnungen angefertigt. Wenn Fotos funktionieren, hat sie viele der Fotos gemacht, Textbeiträge geliefert und außerdem noch die Texte Korrektur gelesen und immer wieder auf die Frage überprüft »Kann man das nachvollziehen?«

Hermann Mahlert
Ingenieur und Segler in finnischen Gewässern; er hat einige sehr hilfreiche Tipps beigesteuert. Da er eine Abneigung gegen überteuerte Anbauteile aus dem Fachhandel hat, ist er ein idealer Ansprechpartner für Lösungen, die sich stattdessen mit ein paar Teilen aus dem Baumarkt realisieren lassen.

Tijs van Vliet
Er stellt im niederländischen Lemmer lamellierte geschwungene Holzpinnen her – auf Wunsch mit ebenso geschwungenen Pinnenverlängerungen und Steuerhandgriffen (*www.helmstokken.nl*). Das ist sehr aufwendig, und es gibt wahrscheinlich nicht mehr viele Leute, die diese Arbeitsweise aus dem FF beherrschen. Er hat sich lange Stunden Zeit genommen, um mir das Verfahren ausführlich zu zeigen.

Gerhard Bicker und Sven Wehrenbrecht, Pierre Tscherneck
Bicker betreibt die gleichnamige Werft (www.biga-yachten.de), in der in kompletter Handarbeit die tüchtigen und wertbeständigen BIGAs mit ihrem typischen Holzaufbau hergestellt werden, Wehrenbrecht ist dort Bootsbaumeister. Er hat sich stundenlang Zeit genommen, uns die Werft zu zeigen und die einzelnen Arbeitsschritte zu demonstrieren. Wehrenbrecht ist selbst Regattasegler und somit dem Wassersport nicht nur von Berufs wegen verbunden. Sein Kollege Pierre Tscherneck ist nicht nur als Regattasegler flott unterwegs. Ebenso beeindruckend ist die Geschwindigkeit, in der er mit Harz und Härter hantiert.

Dieter Främbs
Er fuhr lange Jahre einen 20er Jollenkreuzer aus formverleimtem Sperrholz, und jetzt eine Albin Vega. Bei der Vega-Klassenvereinigung ist er technischer Berater und damit ein hervorragender Ansprechpartner für Sanierungsarbeiten. Um uns die Herstellung von Teakelementen zu zeigen, hatte er extra Modellstücke für jeden Arbeitsschritt bereit gelegt und außerdem mit viel Begeisterung die Herausforderungen bei dieser Arbeit erläutert. Außerdem verdanke ich ihm weitere Tipps, etwa zum Umgang mit Epoxidharz.

Lutz Heinbach
Seine Segelschule (*www.yachtschule-harkortsee.de*) in Westfalen ist immer wieder Anlaufpunkt für Kontakte zu Seglern oder auch, wenn ich noch einmal Gesprächsbedarf zu technischen Fragen hatte.

Rob Kloostermann
Rob ist Sekretär der Vega One Design Association – und als solcher vertritt er an die 1000 Mitglieder von Albin-Vega-Vereinigungen in den Niederlanden, Skandinavien, Deutschland und Großbritannien. Seiner freundlichen Unterstützung habe ich zu verdanken, dass ich mit Bootseignern in Kontakt kam, die gerade für dieses Buch interessante Arbeiten durchführten, oder die dafür exzellente Fachleute sind.

Zimmerei Plohmann in Hagen
Wer mit Holz arbeitet kommt immer wieder an die Grenzen, die man als Privatmensch eben hat; beim wem steht schon eine sündhaft teure Hobelmaschine für Profis in der Garage herum, oder wer hat eine große Bandsäge? Richtig: Ein Zimmermann. In Klaus Plohmanns Betrieb habe ich immer wieder Musterteile anfertigen und dazu seine Werkzeuge benutzen dürfen. Ebenso hilfreich dabei war Senior Paul Plohmann. Die Musterteile dienten dann als »Fotomodelle« für das Buch. Ohne die beiden hätte das Buch ziemlich viele leere Seiten.

Lutz Trauboth
Sein Getränkehalter ist eine ebenso pfiffige wie kostengünstige Idee, ein lebenswichtiges Utensil nachzurüsten.

Fa. Daniel Georgus
Ich mache kein Geheimnis daraus, dass ich zu einzelnen Arbeiten direkt den Kontakt zu Firmen gesucht habe. Das bot sich zum Beispiel im Fall der Firma Daniel Georgus an, die Fertigteile aus Teak anbietet, die man dann selbst verlegen kann. Der Unterschied zur Schleichwerbung liegt ganz klar darin, dass ich die Zusammenarbeit angestrebt habe, weil ich die Informationen als hilfreich ansehe. Dass dafür der Firmenname im Buch auftaucht finde ich im Gegenzug in Ordnung.

Willi Henke
Sein Jollenkreuzer »FAM« ist ein echtes Schmuckstück. Das ist zum einen dessen Vorbesitzer zu verdanken, und zum zweiten Henkes sauberer Arbeit, wie man sie hier im Kapitel Scheuerleiste und bei der pfiffigen Umsetzung eines klappbaren Instrumentenbretts nachvollziehen kann.

Holger Zengerle
Er hat eine ebenso unkonventionelle wie praktische Lösung dafür gefunden, wie man mit Crewzuwachs zurechtkommt.